现代防洪抢险技术

主　编　高兴利
副主编　刘红卫　曹克军　高　超

黄河水利出版社
·郑州·

内 容 提 要

本书是多年从事防洪抢险技术的抢险专家和研究人员结合抢险实践、大胆试验而取得的现代防洪抢险技术成果。全书分上篇、中篇和下篇三部分内容。上篇重点讲述了各级行政首长及河务部门指挥员在重大险情中如何科学指挥调度、抢险现场如何科学指挥和规范化管理。中篇重点阐述了机械化抢险技术的研发过程,详细介绍了机械化抢险的技术要点、操作规程。下篇主要讲述利用新型材料、针对不同险情研发的抢险新工艺、新技术,如土工网袋笼抢险技术、大土工包抢险技术及水中进占技术等。本书编插有大量的实际作业图片,使读者有直观感,增加感性认识,对实际应用具有指导作用。可作为防洪抢险指挥人员、管理人员和施工人员的工作指南,也可为从事防洪工程设计、施工等人员提供重要参考。

图书在版编目(CIP)数据

现代防洪抢险技术/高兴利主编.—郑州:黄河水利出版社,(2011.1重印)

ISBN 978-7-80734-580-0

Ⅰ.①现… Ⅱ.①高… Ⅲ.①防洪-技术培训-教材 Ⅳ.①TV87

中国版本图书馆 CIP 数据核字(2010)第015060号

组稿编辑:马广州 电话:13849108008 E-mail:magz@yahoo.cn

出 版 社:黄河水利出版社

地址:河南省郑州市顺河路黄委会综合楼14层 邮政编码:450003

发行单位:黄河水利出版社

发行部电话:0371-66026940、66020550、66028024、66022620(传真)

E-mail:hhslcbs@126.com

承印单位:河南省瑞光印务股份有限公司

开本:787 mm×1 092 mm 1/16

印张:13.5

字数:235千字 印数:2 001—4 000

版次:2010年3月第1版 印次:2011年1月第2次印刷

定价:39.00元

序

黄河，源远流长、历史悠久，是中华民族的衍源地。黄河与华夏几千年的文明史密切相关，共同闻名于世。

黄河自古以来，洪水灾害频繁。从史前鲧、禹算起，治理黄河已有4 000多年历史，积累了丰富的经验。我们的先人创造的传统防洪抢险技术，已成为我国水利技术宝库中一颗璀璨的明珠。河南黄河系统治黄专家和广大职工在与黄河水患的长期斗争中，在继承传统防洪抢险技术的同时，利用现代机械化手段和新的建筑材料、新技术、新工艺、新方法，不断探索、试验，创造了现代防洪抢险技术。高兴利同志主编的《现代防洪抢险技术》就是近十几年来防洪抢险技术革新的实证。

高兴利同志系我国防洪工程抢险专家、教授级高级工程师。他从事治黄工作30多年，在基层工作近20年，有着丰富的防洪抢险经验。1985年以来，黄河河南段出现的重大险情，他都身临第一线指挥抢险。他作为防洪抢险专家组成员或专家组组长，先后参加过九江长江干堤决堤堵口、新疆西克尔水库垮坝调查、陕西渭河南山支流决堤堵口、内蒙古黄河干流凌汛决堤堵口和河南黄河蔡集河汉串沟堵复，均取得了成功。他还组织了一大批热心于黄河防洪抢险技术研究的人员，结合抢险实践，大胆地进行试验，取得了许多防洪抢险技术研究成果。

黄河是世界最著名复杂难治的一条河。美国哈佛大学一位著名教授曾说过：世界上没有别的东西能比滚滚的黄河洪流使人升起在自然面前无可奈何的情绪了。《现代防洪抢险技术》全面记述了河南黄河职工与黄河洪水进行斗争的里程，具体反映了黄河防洪的战略思想与规范管理，重点突出了研发成功的大型机械抢险和水中筑坝及堵口新技术在实践中推广应用取得的巨大成果。有关防洪抢险内容记述甚多，但未见有专著，该书补此空白，确是一种创新。

《现代防洪抢险技术》作为防洪抢险技术专著，内容丰富、重点突出、层次清晰，有较强的“教化”作用和较高的使用价值。该书可作为防洪抢险指挥人员、管理人员和施工人员的培训教材和工作指南，是从事防洪工程设计、施工、管理人员的重要参考书。该书的编辑出版，不仅为今后河南黄河防洪抢险起到指导和推动作用，而且对流域及其他江河的防洪抢险有很好的借鉴价值。

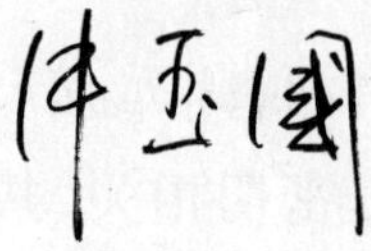

2009 年 11 月

前　言

随着社会科技的发展,黄河防汛抢险管理与抢险技术也日趋完善和成熟。河南黄河系统广大干部职工经过数十年的不懈努力,在总结大型抢险现场指挥与管理经验的基础上,撰写了"抢险现场指挥与规范化管理";根据黄河专业抢险队配备的大型机械设备,结合黄河抢险实际,进行了"大型机械在防汛抢险中的应用研究",获2006年大禹水利科学技术奖三等奖;利用新型土工织物材料,借鉴黄河传统堵口桩绳结构,研发了"堤防堵口及水中快速筑坝新技术",获得了2008年黄河水利委员会(简称黄委会)科技进步奖一等奖。

为更好地发挥"科学技术是第一生产力"的重要作用,本书将黄河抢险指挥管理的成熟经验和抢险堵口新技术进行归纳、演绎、推陈出新,旨在把科技成果转化为生产力,为广大治黄战线上的干部职工学习抢险指挥管理理论知识和现代抢险技术服务,达到确保黄河安澜、推动治黄事业发展之目的。

全书分上篇、中篇、下篇三部分内容。上篇重点讲述了各级行政首长在重大险情中如何科学指挥调度、各级河务部门主要领导如何当好参谋、抢险现场如何科学指挥和规范化管理。其目的有三:一是为各级行政首长提供抢险决策的基本思路和决策依据;二是各级河务部门在重大险情中如何当好行政首长的参谋,首先是提供抢险方案和行政首长需要解决的关键问题,其次要根据险情的发展变化,随时提供应变措施;三是重点解决抢险现场杂乱无章的问题,主要体现在抢险现场指挥员如何科学指挥,规范指挥调度程序,紧紧围绕提高抢险效率这个中心,使之达到抢险各个环节井然有序、忙而不乱的目的。

中篇重点阐述了机械化抢险技术的研发过程,以机械化抢险技术为出发点,详细介绍了各种机械化抢险的技术要点、机械作业手操作规程,同时配以必要的示范图片。为便于考核,编制了技能竞赛的考评办法和评分表。通过近几年的实践演练,现代抢险技术已广泛推广应用于抢险实践,结束了人海战术抢险的时代。同时,该篇还对各项抢险技术及配套设备原始研发人的基本情况进行介绍,以达到激励广大治黄职工科技创新积极性的目的。

下篇重点编写了利用新型材料,主要是土工编织布、编织袋、机织布,针对不同险情研发的抢险新工艺、新技术,如土工网袋笼抢险技术、大土工包抢险技术及水中进占技术。在"堤防堵口及水中快速筑坝新技术研究与应用"课题中分三部分进行阐述:第一,针对单岸进占堵口时对岸防守问题研发了土工管袋护岸技术和大土工布护坡技术;第二,为解决堵口时龙门口水流集中冲刷河床问题研发了大土工布护底技术;第三,为解决堵口或水中筑坝进占时耗用大量柳秸料和石料问题,研发了大土工布网袋水中进占技术。

利用新材料研发抢险堵口新工艺、新技术,据此编著了研发背景、试验过程及推广应用生产实践案例。各项技术均附有作业流程、技术要领、注意事项和项目的推广应用情况,多数新技术编插有实际作业图片,使读者有直观感,增加感性认识,对实践应用具有指导作用。

刘红卫、曹克军、高超、李辉、朱志方、郭喜有等参加了本书的编写工作。

水利工程质量稽察专家、教授级高级工程师于强生同志对书稿编写进行了指导,对本书的出版提出了宝贵意见;河南黄河河务局局长牛玉国为本书撰写了序言,在此一并表示感谢。

由于本书编者水平有限,书中错误之处在所难免,恳请广大读者批评指正。

编　者

2009 年 8 月

目　录

下篇　新型水中筑坝与堵口技术

上篇　抢险决策与规范化管理

抢险决策与管理是一门系统科学,险情一般具有突发性,抢险决策决定抢险的成败,管理水平决定抢险消耗的多少。无论是人工抢险还是机械抢险,无论在抢险中采用的是传统技术还是新技术,都需要科学指挥决策。科学指挥能使险情转危为安,违反科学主观臆断将会造成重大损失。为此,本书将抢险现场指挥决策与规范化管理作为开篇。

抢险指挥按层次分为上层、中层、基层(上层是指决策层,中层是指执行层,基层是指实施层);按战线分为前方和后方两大战线;按作业内容分为抢险指挥决策、现场作业、后勤保障、料物供应等。

抢险指挥决策是抢险的中枢,在整个抢险中起主导作用。抢险指挥如同指挥部队打仗,一定要吃透“敌情”、精心组织、周密部署、按部就班、各负其责、保存实力、善始善终、力求“歼敌”。作为指挥员,不但要具备排兵布阵的本领和良好的心理素质,而且还应根据“敌情”具有随机应变、果断刚毅、勇往直前、敢于胜利的战略战术。因此,在同等条件下,决定抢险成败的关键莫过于指挥员。在黄河工程抢险过程中,若指挥不当,不但延误抢险最佳时机,使险情进一步发展,而且浪费抢险资源。指挥员应当懂得在险情丛生、战线较长、料源紧缺的情况下,坚持“守点固线,抢上不抢下”的原则。河道工程抢险通常采用的抢护方法有抛块石、抛柳石枕、抛铅丝石笼、搂厢等。在险情抢护时,采用什么样的抢护方法,应根据河势、工情及险情发生原因合理选择,因地制宜、就地取材、快速有效的险情抢护措施是至关重要的,也是有效控制险情的最佳途径。

抢险指挥是个系统工程,从指挥决策到每个细节的精心安排、周密部署,不仅要关注抢险技术,还必须落实抢险各方的责任与任务;不仅要进行现场的调度指挥,而且要关注与抢险有关的各个环节,如交通指挥,在抢险中起着非常重要的作用。

本篇重点讲述了重大险情现场指挥与管理。现场指挥章节重点讲述了较大、重大险情现场指挥的措施和方法,河势预估及抢护方案的制订与实施,抢险队伍的调动使用与管理,抢险料物供应、生活和后勤保障、分工及职责,还讲述了抢险指挥员需要学习并掌握的抢险技术与现场指挥经验，从提高综合素质和统揽全局能力等方面提出了具体要求；简要阐述了面对重大抢险抢护，省、市、县各级河务局局长和各级指挥长如何把握险情的性质，冷静决策，履行自己的责任和必须重点把握的问题。

抢险现场规范化管理章节，主要采用流程图的形式，对抢险现场各个环节的作业程序进行规范，旨在克服抢险现场杂乱、指挥调度忙乱、重要岗位无法休整、各环节之间出现棚架、任务难落实等问题，从而达到抢险现场管理科学高效的目标。

第一章　抢险程序和组织分工

第一节　较大险情的抢护程序

一、抢险方案的制订

密切关注河势，掌握河势变化规律，是保障抢险主动的重要环节。当险情发生后，县级河务局主管防汛的领导以及有关人员要迅速赶到现场，首先就是观测河势，预估河势变化幅度。观测河势时要注意了解上下游工程迎、送溜相应关系以及历史上横、斜河坐湾挑溜对工程的影响。若河势流路正常，险情发生的原因多数是工程基础较浅，根据险情发生原因则应及时制订抢护方案，并快速组织人力、物力抛枕抢护，以固根护土。如果是横河、斜河持续顶冲工程，则应做好抢大险的准备，特别要掌握抢险河段上游河势变化对下游的影响。同时，还需清楚了解待抢险工程自身根石基础在以往河势变化时的适应程度，了解出险工程的地质状况。这样既有利于判断河势变化趋势，又能对险情发展作出估测。及时查勘河势、了解河势，对险情抢护最佳方案的制订是十分必要的。

抢险方案一般包括以下内容：

（1）建立一线抢险临时指挥部。首先要确定指挥长、副指挥长，需要地方筹备10万～50万kg料物时，主管防汛的副县长任指挥长，河务局局长或副局长、县政府办公室主任任副指挥长，所在乡（镇）书记或乡长、河务部门工程队长、工务科长、财务科长、办公室主任任成员。

（2）确定抢护方法。一般对坦石已入水或者坦石将要入水部位，采用推枕护胎的办法控制险情，待险情初步稳定后，再抛铅丝石笼固脚，然后抛石护坦，严禁土、笼结合。若软料供应不及时可抛化纤网笼土袋，遏制险情发展，以维护现状。但在紧急情况下，如柳秸料匮乏、石料较为充足，采用机械化抛大铅丝笼守点的办法也是行之有效的。

（3）充分利用大型机械抢险新技术，落实机械设备，对从地方调用的大型设备如挖掘机、装载机、自卸汽车的机械手要在现场作短期操作培训。

(4)抢险工、料的预估算。在计算用料时应充分考虑河势变化及险情的发展情况,适当增加富余量,以防用料不济。同时,还应确定各个送料的乡(镇)及民工数量。

(5)应及时绘出抢险平面布置示意图,并将抢险方案及时上报。险情技术组要根据险情、河势、工情、水情及根石状况绘制抢险示意图和拟定抢险方案,待主管局长审查后及时上报。若险情较大或险情发展较快,可采用边抢护、边上报的方法,以免贻误战机。

二、明确职责

抢护方案确定后,由指挥长发布抢险指令。一般有两名副指挥长,一名副指挥长在抢险现场指挥,组织方案实施;另一名副指挥长负责人员、料物的落实,原则上不参与现场抢险。指挥部成员职责:所在乡(镇)书记或乡长必须亲临抢险现场,负责落实抢险人员足额到位,并保证人员素质,可根据现场需要和民工抢险队员情况编制成班(组),一般每班(组)不超过30人。河务部门工程队长的职责除参与制订方案外,还负责一线指挥,全面落实指挥长指令,组织专业队伍与民工的搭配,进行技术指导;工务科长除参与制订方案外,还负责查勘,分析河势,估算所需工料,向上级报告工程进度及险情发展情况,并协助副指挥长作好指挥调度,填写抢险日志;财务科长主要负责料物的筹集和调运;办公室主任负责后勤生活、上传下达、卫生保健、新闻报道,同时根据目前各市、县通信情况,凡能开通视频转播现场的区域,开通视频转播,以利于领导了解险情现场情况,便于指挥决策。

三、现场指挥

一般情况下,县长或主管副县长任指挥长。尤其在抢险的前期,指挥长必须亲临现场保障抢险料物、抢险设备和抢险民工及时到位,同时作一次全面检查布置,并根据需要及时发布调度命令。

抢护方案确定后,副指挥长应对抢险现场进行详细布置,并将各级人员组成有机整体,在人力、料物足额的情况下才能保证险情得以遏制。因此,须组建一支财务物资收购、调配的管理队伍,确保社会料物和国家料物的合理调用。根据副指挥长的分工,其他各职能部门应进一步分工,落实指令,组建一支后勤保障队伍,确保后勤供应适时、足额、齐全。

险情基本稳定后,要及时加固,推笼固根,继而散抛石还坦。对各种抢险物资的利用要合理,决不能违背科学,造成不良后果。

乡(镇)党委、政府负责人必须明确一位主要负责人协助指挥长现场指挥,落实民工抢险队到位情况,指挥村干部分配民工任务,并以身作则带领民工抢护。

为使防汛抢险正规化、规范化,各级防汛指挥部(简称防指)在制订防汛预案时,就应将各工程出现较大险情、重大险情时的县、乡、村政府负责人予以明确,建立具体的组织机构,包括供料乡(镇),并落到实处,避免抢险时出现人员不到位、料物供应不足的局面。

一般每处险段需固定一名抢险队长,全面负责指挥抢险,并对班(组)长进行具体分工,对民工合理调配。班(组)长及专业队伍成员,对民工分班、分组、分工要细,与村干部密切配合,在有条件的情况下最好对民工抢险队实行定额包干管理,或者是包任务、包责任。对能按件计资的要按件计资;对既无定额又无法包干的,事先要把每10人分成一个小组,选定组长,直属专业人员指挥,藉以把民工的积极性、责任感调动起来。对专业队伍的总体要求是,既是抢险队员,又是指挥员,发挥骨干作用。要特别注意对民工队员加强纪律教育,防止抢险时发生民工队员放任自流、组织松弛的现象。

四、财务物资供应

财务部门负责人要积极作好物资供应,制订逐项保障措施。结合抢险的实际需要,科学布置料场,既要利于抢险需要,又要保证交通通畅。同时,分别组建收料组、调料组,收料人员要业务熟练、作风正派。收料时应以过磅计量为主,若料物运送较为集中,计量设备不足,也可组织人员估料与过磅计量相结合;若遇争议,应过磅校核。若料物供应不能满足抢险需要,要及时向现场抢险指挥部汇报,并协助催料,必要时也可利用广播、电视等现代传媒设备发布通告,代表政府行使指令。

调用的麻料、铅丝、木桩等国家料物,应在现场搭建临时库棚储放,防止雨淋,尤其是麻料遇雨水易霉烂,各抢险点所需料物需派专人送至现场。对于工地照明,财务部门要根据险情调运照明设备,现场架设,保证抢险照明需要。

五、后勤保障及对外联络

根据抢险进展,后勤保障应对食宿作妥善安排,确保一线抢险人员食宿安全。同时,应为抢险现场配备医务人员和常备药物,以便对意外伤害或紧急病人进行简单救助。对外宣传报道要真实、全面,必要时应及时公开报道险情抢护和发展情况。

六、维护治安交通秩序

目前,多数控导工程只有一条防汛路,没有迂回路,抢险时易形成料物运送车辆堵塞、拥挤。交警应对抢险道路采取交通管制,限制无关的车辆通行,对抢险车辆采取统一协调管理,采取空车让重车、人力车让机动车等措施,确保道路畅通。同时,黄河工程抢险时阴雨天气较多,较差的路况极易搁浅车辆,造成重车进不去、空车出不来的被动局面。为此,应在每条道路上配备一至两部链轨拖拉机解决搁浅车辆的问题,同时还要尽快开辟一条临时空车通道,避免车辆交叉通行。

第二节　重大抢险的组织分工

所谓重大险情是指具有危及堤防安全的险情,需临堤下埽抢修工程。如1983年北围堤抢险、1985年孟县大堤抢险以及1993年高朱庄上延工程抢修等险情。若遇特大洪水偎堤、顺堤行洪,需要抢修工程,本章所述的现场指挥要点也同样适用。近些年来,由于二级悬河问题表现突出,生产堤决口后极易形成串沟河危及堤防安全,必须进行抢险堵口,此类险情也属重大险情,如2003年蔡集生产堤决口。

此外,堤防决口均属重大险情,如渭河2003年南山支流三处堤防决口、2008年黄河干堤内蒙古河段决口以及1998年长江干堤九江段决口。堤防决口影响范围大,不论堤防大小,均应以重大险情来对待。

一、成立现场抢险指挥部

重大险情往往发生在较大险情的抢险过程中,一般都有一个发展过程。险情发生前期,河务部门要预估险情发展情况,及时逐级向当地政府通报信息,并做好抢大险的各项准备工作。一旦发生重大险情,河务部门首先要拿出抢护方案,方案的第一步就是成立现场抢险指挥部(见图1-1)。

按照指挥机构设置情况,安排现场指挥部办公及生活场所,修建临时工棚,添置办公设施,配备电话、传真机等,有条件的可安设抢险现场视频转播系统等。

现场指挥采取分级分职能负责制。总指挥下设副总指挥、专家指挥部、督察指挥部三个系统,一般由河务局局长提供参考性意见,由指挥长发布命令。

二、专家指挥部职责

专家指挥部在现场抢险指挥中起到参谋部的作用,它是总指挥指挥抢险

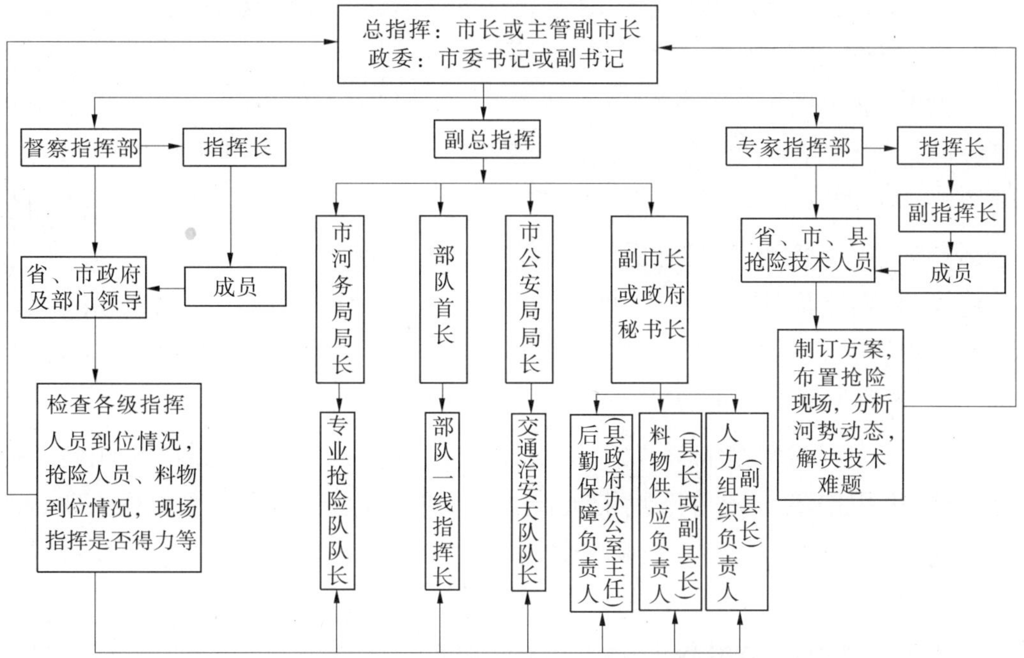

图 1-1　现场抢险指挥部设置图

运筹决策的参谋系统。凡是大型抢险，一般由省黄河河务局组建专家指挥部，其成员可临时抽调各市、县河务局有抢险经验的技术人员及离退休的老专家、老工程队长组成专家技术组。主要职责是制订抢护方案，对抢险机动队的调遣和支援部队抢险工段的安排部署提出意见，分析河势变化，研究制订改善河势流路的措施，解决关键技术难题等。

（一）制订抢护方案

（1）指导制订抢护方案，确立抢护原则及方法。

（2）指导绘制工程抢险平面布置图和抢护结构图。

（3）校核主要抢险料物的预估算数量和规模，为指挥长下达任务提供依据。此项工作要特别慎重，一般情况应按实际需要量的 1.2 倍进行估算，同时要防止任务下达后层层加码的现象，避免收料数额成倍增加造成不必要的浪费。

（4）协助总指挥进行抢险部署。在重大险情抢护或危急险情较集中的险情抢护过程中，布置抢险队伍防守时，应由经验丰富、抢险技术熟练的抢险队伍承担此重任。此外，凡是能使用大型机械抢险作业的场地，尽量应用大型机械开展机械作业抢险，充分发挥大型机械抢险速度快、效率高的特点。

（二）观测分析河势变化，及时调整抢险方案及部署

抢险过程中经常出现河势上提下挫，因而险情抢护往往随河势变化而变化。这就要求在防守的布局上适时进行调整。所以,在抢险中观测河势、预估河势变化是取得抢险胜利的一个重要环节。

河势查勘一般要选派有经验的技术人员,对出险地点以上一至两个河湾的河势进行详细观测,并对河势发展趋势进行分析预估,为准确把握险情发展提供依据。一般在上湾河势流路不变的情况下,大河流量若不发生变化,河势亦变化不大,出险地点也相对稳定。若大河流量增大,一般情况下,河势应呈下滑趋势,将对下游坝岸构成威胁,若增幅较大,很有可能改变河势流路,缓解险情发展;反之,河势会逐渐上提,抢险人员被动地随着河势发展抢修工程,如1998 年 6 月中旬原阳仁村堤临堤抢险就是如此。

此外,在大河流量变幅不大的情况下,由于河心滩坐湾挑溜,往往会产生横河,导致工程出险。随着滩嘴消失与增长,主溜也会出现反复提挫,如 1983 年北围堤抢险、1985 年孟县大堤抢险以及 1993 年高朱庄上延工程抢修时都是这类河势。

(三)深入现场指导抢险

当抢险进入紧张阶段时,专家指挥部成员应分头在抢险现场巡回检查指导工作。

(1)检查抢险方案的实施情况。抢险人员对整体抢护方案是否了解,现场抢护是否按既定的方案进行。有时抢险人员往往会按自己习惯的一套办法去进行抢护,而忽视专家组现场制订的方案。

(2)了解各抢险队在抢险指挥方面的情况。包括技术力量、后勤供应、物资供应、民工配备等。

(3)现场检查各抢险队抢险技术的发挥与抢险进度。抢险技术发挥的好坏,直接影响着抢险效果。如果抢险进度大于险情破坏程度,就能取得抢险的胜利;反之,将被洪水牵制,险情越抢越大。所以,及时指导现场指挥人员作好抢险指挥,加快抢险速度。

(4)定期或不定期召开专家会商会,由总指挥或副总指挥主持召开。一般情况下,每日召开一次,专家会商会要有各抢险队长参加,主要研究抢险中的具体问题,如料物供应、后勤保障、民工队员到位情况等。在紧急情况下,也可随时召开专家会商会。当遇有水情河势变化,需调整队伍时;当危急险情发生,需要研究决策时;当部队增援,需重新部署时;等等。这些都需在专家会商会上确定。会议纪要上报防指,同时印发给各指挥长和各抢险队长,以利于落实。

三、督察指挥部职责

督察指挥部由省、市委组织部和政府有关部门组成，指挥长一般由省委组织部部长或省政府监察局局长担任，省直有关部门主要领导和省河务局包段责任领导任成员。中心任务是围绕抢险指挥部的各项决策指令，进行全面督察落实。在抢险现场中行使监督权，对不忠于职守、没有正当理由完不成任务者，有权现场查办；对现场指挥人员指挥是否得力予以评估，并视情况建议撤换或调离；对那些抢险不力的各级官员，督察指挥部可以按照一定程序随时撤职查办。

（一）现场督察

（1）督察指挥部在抢险现场检查各抢险队伍的人员到位情况，包括专业队伍和民工队伍，尤其是落实民工队伍的到位数量和人员素质，若发现老弱病残者，可随时指令所在乡（镇）政府领导，立刻更换补充。

（2）检查一线指挥人员是否达到应有水准，若发现指挥不力，不能遏制险情的情况，督察指挥部有权当场对指挥人员提出批评，也可随时报请督察指挥部将其调离指挥现场，听候行政处分。

（3）检查各级政府部门领导的到位情况，以及现场指挥调度是否满足抢险现场的需要，若发现个别领导消极怠工或组织民工不力，督察指挥部有权当场追究责任，甚至撤职。

（4）检查料物供应及调度是否合理，收料是否有弄虚作假、发难群众的现象。

（二）协助副总指挥落实料物供应

督察各乡（镇）政府完成任务情况。若发现组织不力，不能按时完成任务的，可指令限期完成；若限期仍不能完成的，督察指挥部有权当场予以撤职。

（三）通报表彰在督察中发现的先进单位和英雄模范人物

在督察中往往会发现两种情况：一种是不辱使命、舍生忘死战斗在抢险现场。有些指挥员甚至几个昼夜不休息，全力指挥抢险战斗；有些抢险队员不怕苦、不怕累、带病带伤战斗在抢险一线。如此许许多多抢险模范人物，督察指挥部应负有对其表彰记功的责任和义务，这样可以使抢险现场充满学习英雄模范的氛围。另一种是消极怠工、无故完不成预定任务，包括指挥员和抢险队员，督察指挥部要深入现场进行方方面面的督察落实，发现问题及时处理。

四、副总指挥职责

副总指挥的人数可根据险情规模的大小、造成的灾害程度而定，指挥部设置图只是原则配备,人数可增可减,组长也可正副交换担任。如果一个地区同时出现两处重大险情或者不是危及堤防安全的险情,总指挥可以由主管防汛的副市长担任。副总指挥(或指挥长)的主要职责:市河务局局长,主要是组织前线现场指挥,协调有关单位、部门的关系;部队首长,主要指挥部队现场抢险;市公安局局长(或副局长),主要组织指挥交通治安,确保道路畅通无阻,安全无事故;主管防汛工作副市长(或政府秘书长),主要负责后勤保障、料物供应、民工组织、通信报道、传递信息、食宿安排及安全卫生等工作。

(一)现场指挥长(副总指挥)的主要任务

根据专家组制订的抢护方案及现场部署,及时将任务下达到各个机动抢险队,并做好以下工作:

(1)科学调配人力,迅速组织抢护。针对不同险情,认真落实抢护方法,不能有丝毫马虎、懈怠,务必使各专业队伍尽快进入角色。同时,列出急需料物清单,提交现场料物供应负责人,供料人员根据抢险需要尽快调集筹划。

(2)向地方政府领导列出急需大型机械数量、型号及操作手的清单,并提交所需民工数量、所带抢险工具、到位时间清单。

(3)科学高效指挥民工与专业队伍有机配合。大型抢险现场,民工较多,其特点是组织较松散,因此要把民工按每10人为一组进行编组,由地方负责人指派一名组长,交给施工点负责人指挥。一般情况下,每个专业人员可指挥三组民工,组长要明确任务、确定工程量、限制时间。任务完成,应立即休息,避免疲劳作战。若专业队员名额不足,可派遣熟练民工予以替补,参与捆枕、打桩、铺料、拴绳等业务工作,并采取一教一的措施传授技术,达到民工抢险队员能单独操作某单项工艺的目的,壮大抢护骨干。同时,要尽快培养提高每个专业人员的业务水平,使其尽快具备单独指挥一处险点的抢护能力。遇到险情战线较长、专业队伍人员较少时,还应注意选择对抢险技术掌握较快的青壮年代替村干部作临时现场指挥员,委以重任,使其发挥作用。

(4)随时注意河势变化,及时调整抢险力量。在抢险中,往往会出现重大河势变化,造成局部大溜顶冲,险情恶化,要随时集中优势人力打攻坚战,料物供应要保证重点,紧急时刻也可请求部队增援。

(5)要注意险情假象。在抢险时,有时埽体或柳石枕已高出水面1.0 m以上,埽体暂时稳定,此时不可放松警惕,以防格子底出现,应抓住时机埽外抛枕,枕外抛笼,一气呵成。在抢险过程中,若出现较浅格子底,墩蛰的幅度会较小;倘若格子底层较厚,会出现埽体猛墩入水断绳倒桩的险恶局面。因此,当险情出现暂时稳定时,决不能掉以轻心,而应继续加固,即使出现大的墩蛰,由于铅丝石笼固根，也不会出现跑埽现象。此外，要根据已掌握的地质资料，防范格子底墩蛰的再次出现。

(6)要注意抢险人员的劳逸结合。正常情况下，不应把所有抢险人员都部署在现场，应分两班交替上岗。重大险情的抢护，一般不是短时间就能解决的，要有打持久战的准备，只有保持较好的体力，才能保证关键时刻顶住险情，同样现场指挥员也需轮班换岗，保持旺盛的精力，高效指挥。

(7)防止停工待料现象。在大型抢险开始时，料物供不应求，各个险点都急需抢运料物，而位于下端的险段，料物供应就难以保证。遇到此类情况，一方面需要向料物调配人员申请供料，另一方面要组织民工远距离运料，杜绝停工待料现象的出现。

(二)后勤供应系统指挥长(副总指挥)的主要任务

(1)组织足够的收料员，有条不紊地组织收储料现场的工作。大型抢险中，前期料物往往供应不上，为避免各险段出现相互争料现象，须专门配备指挥调度员，最好一个险段配一个供料员，这样有利于料物的统一调配，避免出现因争料而造成工地混乱的现象。

(2)配合公安人员疏导交通。严禁空车、重车混合运行。若遇有故障车辆挡道，重车先将所送料物就地卸下，再将故障车辆拖放至空闲场地。

(3)处理好料物运送高峰期的混乱现象。在抢险中后期，群众送料将达到高潮，而前线用料量相应较前期减少。此时场面混乱的现象势必发生，一是由于送料车辆拥挤；二是料场料物趋于饱和，造成随地堆放，道路越来越窄。若不及时果断采取措施，将会造成交通堵塞，影响抢险工作的正常进行。要尽快改善这种局面，一是快速组织人力扩展料场；二是分段将料车横向疏散；三是调用软料叉车将软料迅速上垛。

(4)做好当日料物统计工作。此项工作主要是为指挥长提供料物进度，便于表彰先进、督促后进。大型抢险用料往往数额大、情况紧，涉及千家万户群众性的送料，要达到及时、快速、足额到位困难很大。因此，落实各乡送料数额的动态情况，掌握当日收料数额，才能有力地落实料物的供应。

(5)设立专门的收料督察人员，检查已收购料物是否卸到指定位置，防止个别人一车多次过磅。由于抢险现场场面大、来往车辆众多，收料人员有时无法同时顾及过磅开票及料物卸放地点，会出现个别的一车多次过磅问题。为防止此类问题的发生，一般可采取现场加盖卸车章的措施。此外，现场指挥卸料人员需要思想、业务素质较高，指挥能力较强的人。同时，指挥卸料人员还应拥有督察权，对于料物数量是否准确进行检查监督，也是一个进一步核查的手段。在以往的抢险中出现过收料人员徇私舞弊、贪污受贿问题,若能采取现场指挥二次盖章的控制措施,可有效防止收料人员的违纪行为。

(6)组织收料人员进行培训。在大型抢险现场,多数是采取目估重量的收料方法,因而要求收料员必须对不同的软料、不同的车辆、装料的虚实度进行较精确的目测估量。估料准确程度的高低至关重要,偏高国家受损失,偏低群众不接受,有时估量的基本准确仍会出现争吵的现象。所以,合格的估料员必须能应付处理各种局面,切不可对斤斤计较、贪便宜的人开绿灯。一般情况下,一次估数不宜变更,但确属估少了自己也不要当面更改,可换人处理。目前,随着社会的发展,群众大部分改用机动车辆送料,给估料增加了难度,为此,财务物资部门要组织收料人员进行培训,培训最好能结合实际,比如对不同类型的车辆装载不同的料物,以及对容量的虚实程度可事先过磅,然后让收料员进行目估,这样反复实践,从中摸索出规律。

(三)后勤保障系统操作运转

要确保抢险胜利,后勤保障极为重要,因此必须建立一套敏捷高效的后勤管理运行机制,明确主管领导,组织后勤保障体系。在大型抢险中一般要明确一名副局长全面负责后勤保障工作,并组建四个专业小组:生活供应组、医疗卫生组、宣传报道组和治安保卫组。

(1)生活供应组。该组是后勤保障系统的关键,要求是24小时保证抢险人员饮食供应。由于大型抢险人员的流动性大,吃饭时间难以统一,每天就餐6顿、8顿饭很常见,要满足要求必须抓好以下几个环节:炊事员实行日夜轮班制;固定专车购物和专人送饭;安排专门人员供应茶水;储备一定数量的快餐,如方便面、面包等。

(2)医疗卫生组。工地医务人员需安排内、外科,聘用经验丰富、医术精湛的医生、护士3~5人,并设立简易诊所,可在现场处理急性病人和外伤病人。

(3)宣传报道组。该组要配备摄像机、照像机、传真机等设备,一方面将抢险情况及时报道,另一方面利用现场广播宣传。有条件的单位也可以利用无线电微波作实时图像传输,将抢险现场图像直接传送到上级指挥部。此外,还应接待新闻媒体现场采访报道。

(4)治安保卫组。主要负责抢险现场指挥部治安工作,使工作不受外界干扰。外人不准随便进入现场指挥部办公地点,即使是新闻记者,必要时颁证发卡,予以限制。

五、发挥大型机械设备和抢险新技术的作用

根据抢险实践研发的软料叉车，广泛应用于柳石搂厢以代替人工运料；利用厢枕技术代替人工捆抛柳石枕；利用挖掘机、装载机装抛铅丝笼和挖掘机配合自卸汽车抛投大铅丝笼，代替人工抛投铅丝笼等，使抢险现场只有少量辅助人工作业。

六、做好善后工作

工程抢险结束后，及时收集剩余抢险料物，将未用完的柳秸料捆把打垛，以便下次抢险使用；恢复工程外观，坝面要恢复到顶平坡顺；撰写技术总结报告，内容要翔实，图文要规范；及时召开总结表彰大会，这也是抢险工作的一个环节，会议的规模视抢险规模的大小、涉及人员的多少、抢险时间的长短而定。对个别在抢险中讨价还价、行动迟缓，甚至完不成任务者，给予必要的处罚和批评；对那些擅离职守、贻误战机、造成重大损失者要给予重罚，触犯法律的要给予法律制裁。赏罚严明，也是管理工作的重要措施。

第二章 抢险决策要点

第一节 行政首长决策要点

当所辖河段发生重大险情时，省、市、县级行政首长作为黄河防汛指挥机构的各级指挥长，正确地指挥调度至关重要。

一、把握险情性质

（一）黄河堤防险情

黄河堤防险情的防治，是各级政府压倒一切的中心任务，要不惜一切代价，全力以赴投入抗洪抢险，确保堤防安全。堤防险情是关乎国计民生的大局，抢护不及时就可能决堤。因此，各级领导要把堤防险情视为重中之重，及时果断地采取措施，快速组织抢护，确保堤防安全。

黄河堤防险情有八种：渗水、滑坡、管涌、跌窝、裂缝、坍塌、漏洞、漫溢。其中以漏洞最为严重，若方法不得当，抢堵不及时，极易造成堤防溃决。1998 年，山东东阿堵漏演习时，发现险情随即抢堵，但未成功，15 分钟后堤防溃决。1999 年，河南中牟赵口堵漏演习，人工设置的洞口直径 10 cm，在事先准备好推土机、挖掘机、装载机、自卸汽车和各种抢险料物机具，且基本知道洞口位置的情况下，洞口一出水，就立即动用大型机械进行抢堵，但未成功，20 分钟左右堤防溃决。长江 1998 年发生大洪水，九江决堤前，也是发现漏洞，很短时间便造成决堤。由此可以想象，堤防漏洞是极为危险的。

黄河上常说的“八大险情”一般指黄河发生大洪水时才会出现的险情。但是目前危及堤防安全的不只是大洪水，中小洪水情况下也会发生横河和斜河危及大堤安全。1993 年，开封高朱庄至黑岗口平工段 830 m，出现横河入袖，危及堤防安全，被迫紧急抢修工程。

此外，要特别注意大洪水在落水过程中流势集中，防止顺堤行洪。滩区历史上遗留下来的串沟及目前滩区横比降比较大的现状，更容易形成滚河。这种局面在原阳、封丘、长垣、兰考等地都有可能出现。因此，在大堤偎水期间要特别注意河势的变化，倘若发现堤根行进流速较大，又与大河主溜靠近，这样的河势要特别注意，并及早做好抢护的准备。

（二）河道控导护滩工程出险

河道控导护滩工程出险虽然没有堤防险情恶劣，但这些工程是控导河势流路、护滩保村的主要设施，也是保护黄河大堤安全的一线屏障，一旦抢护不及时，造成跑坝，不但会造成直接经济损失，还会引起下游河势变化，造成险工脱河，平工出险。因此，对于这类险情，各级领导尤其是负责黄河防汛的常务副指挥长也应该足够重视。

（三）横河、斜河造成工程出险

横河、斜河造成工程出险常发生在中常洪水，由于河道工程不配套或河心滩作用，导致河势游荡摆动，发生横河、滚河，也有发生在大洪水时，洪水漫滩出槽，水流随串沟夺流，或老流路走河，形成顺堤行洪或发生横河、斜河。这种险情的特点是水流失去控制、工程无根基、险情发展快、防守及抢护难度大。

二、重大险情的现场抢护

（一）了解险情，快速决策

各级领导接到重大险情报告时，首先要听取河务部门对险情的性质、处理方案以及亟待解决的突出问题的意见。对重要和急需解决的问题要立即决策，有时早决策一分钟，险情就可能提前一个小时得到控制，一分钟将会决定抢险的胜败。

（二）成立临时指挥部

明确总指挥、副总指挥、技术总负责人，按照河务部门草拟的指挥部职能组，召开紧急会议，明确各组职责，前线抢险指挥交给河务部门负责，重点是料物供应、治安交通。遇有异常情况，请专家组研究并完善抢护方案。一般情况下，各级行政首长不宜过多干预方案的制订，方案未经专家组同意不能随意变更，确需变更，应及时召集专家会商会研究决定。

（三）各级行政首长坐阵指挥

市、县、乡行政首长需要在一线坐阵指挥。抢险速度是抢险胜败的关键，如果洪水的冲刷强度大于抢险的速度，险情就会扩大，而决定抢险速度的关键是抢险的人员和料物，能调动抢险人员的只有各级行政首长，因此各级行政首长应该坐阵一线，以便对各类突发性问题进行及时处理。2003 年，封丘大功抢修 800 m 上延工程，时间持续较长，民工很疲惫，恰逢有一天夜里下大雨，当时工程抢险也十分紧急，正是由于市长、县长在现场坐阵，乡党委书记、乡长披着塑料布现场指挥民工不下战场，才保住了工程安全，否则后果不堪设想。

黄河的险情抢护，尤其是新抢修工程，很难一次抢险就达到稳定，因为黄河工程基础大多是层淤层沙，只有经多次抢险，基础深度达到冲刷深度时，坝体才会稳定。

在抢大险时，各级行政领导在重大险情的处理过程中，应把河务部门当做参谋部，按照河务部门提供的抢险方案下令实施，无论是抢险效果还是确保工程安全，河务部门都会为领导决策提供准确可靠的参谋意见。

作为行政首长要耐心听取有关抢险专家的抢险方案和建议，不能出现急躁心理，更不能下达不切合实际的抢险命令。正确的命令往往会起到事半功倍的效果；否则，欲速则不达。

九江堵口时，时任行政首长在条件不成熟的情况下，要求专家组拿出提前封堵龙门口的方案。结果会议从当日深夜12时一直开到次日凌晨5时，争论的结果，仍然是按照专家组的意见，先加固已有进占体，而后根据加固情况实施封堵口门，最后获得了成功。若按照行政首长的意图行事，在进占体没有加固的情况下提前封堵口门，水位会迅速升高，进占体会因承受不了高水位压力而被压垮，整个堵口就会前功尽弃。

2003年，渭河南山支流三个支流堤防决口，时任陕西省委主要负责人在对石堤河决口进行堵口会商决策时，认真听取黄河堵口专家组的意见，在下达指令时，按专家建议对石堤河堵口要求"稳扎稳打，步步为营"，并没有要求在下次洪峰到来之前(30小时)堵复口门，但其他两个口门要求在30小时内堵复，一个口门在大水到来之前虽然完成了堵复任务，可好景不长，没过2小时在洪峰再次来临时水位猛涨，抢堵围堤很快漫顶被冲垮；另一个口门根本就没有完成堵复任务就夭折了。唯有石堤河口门堵口工程量最大，采取稳步进军，最终得以安全合龙。

总结实践经验，各级行政首长尤其是最高行政首长，对于抢险堵口问题，要多听取抢险专家意见，按专家组意见行事，切忌一意孤行，给险情抢护带来不必要的风险，甚至造成灾难性损失。

(四)申请调用部队

出现危急险情时，若险情发展速度快，应按照动用部队程序申请部队支援。部队到来后将其安排在最危急的抢险点，并派黄河机动抢险队予以技术指导。从长江抗洪抢险的经验看，最终使急、险、难的重大险情转危为安的非部队莫属。人民子弟兵只要接受任务，就会想尽一切办法保证完成任务。值得注意的是，在一处抢护现场最好成建制用兵。

(五)科学调配抢险力量

由于抢险队伍来自多个地区，且队伍类型不一，有黄河机动抢险队、地方预备队、部队等，当料物不能满足需求时，各抢险队之间争料现象时有发生，各个工段还会造成较大矛盾，因此必须统一调配料物。如果工地抢险组织调度不够科学，就会出现窝工浪费现象。

紧急时刻连续作战，抢险人员会极度疲劳，所以必须安排好后备力量，这也是保障险情化险为夷的重要环节。

（六）异地调动抢险设备与料物

在抢护重大险情时，设备料物跟不上的情况会经常出现。1983 年，北围堤抢险，调动 3 个县的柳秸料，但远距离调料问题很多，农民送料往往是几家几户组成，现在虽然有机动车辆，但运量小，送料车辆多，给交通带来很大压力。远距离送料应采取各乡、村集中收料，送至各险工地点，政府组织大型自卸汽车，河务部门负责技术指导，将柳秸料和块石在自卸汽车上加工成半成品，黄河上称之为“厢枕”。此举不仅解决了广大村民送料难的问题，而且对加快现场抢险速度起到了至关重要的作用。

（七）紧急时刻实行交通管制

一旦出现重大险情，为确保运送防汛物资的道路畅通，必须实行交通管制。九江堵口时，局部道路和航道都实行了交通管制，非抢险车辆、人员一律不准经过或进入现场，就连前去慰问解放军的车辆人员、新闻记者也不例外。合理的交通管制给抢险工地营造一个宽松的环境，保证抢险人员、料物能及时到达现场。

抢大险，阴雨天较多，道路泥泞难行，或因没有迂回道路，料物运送不畅，如 1983 年北围堤的送料群众，有的两三昼夜交不上料，主要原因是没有迂回道路，料车进不去，空车出不来。因此，如何开通迂回道路是重大险情抢护的一个重要环节。

（八）对于危及堤防安全的险情要抓住时机、因地制宜、就地取材

当黄河发生大水时，局部发生顺堤行洪，急需木桩、柳秸料、编织布等抢险料物，现场料物如果跟不上，可动用一切可利用的物资用于抢险。九江抢险时，堵口沉船 10 条，调用各类粮食 2 700 t，动用运送物资船舰 263 艘、车辆 200 辆，还动用了高速公路的储备碎石、块石和大型机械。

（九）定时或不定时召开专家会商会，实时解决抢险中的重大问题

从九江堵口的经验看，及时召开专家会商会，商讨抢险方案，然后按专家会商会的意见实施，这也是九江成功堵口的重要经验之一。而黄河抢险情况更为特殊，技术性强，变化也快，有时制订的方案也会随着险情的发展而变更，因此及时召开专家会商会是十分必要的。

第二节　河务部门负责人抢险要点

在重大险情抢护中,各级河务局局长应合理履行自己的职责。根据历次重大险情抢护的经验与教训,各级河务局局长应重点把握好以下几个方面。

一、当好行政首长的参谋

组织好抢险现场参谋部,参谋部具体工作由主管副局长负责,成立专家组、后勤保障组、现场督察组、宣传报道组。

(1)专家组。邀请有经验、能指挥、能决断的若干专家到现场一起参与制订方案,这是指挥长抢险指挥运筹决策的参谋系统。专家组成员有着一线指挥的经历,因此他们对险情既有判断能力,又有制订抢险方案的经验。

(2)后勤保障组。现场生活保障由市、县局共同担当,承担前线生活物资供应、医疗保障、宣传报道、稳定治安的任务。

(3)现场督察组。由省、市党委和政府及相关部门组成,一般由组织部部长担任组长,是落实指挥部命令执行情况的监督组织。

(4)宣传报道组。宣传报道组是直接对外的窗口,一般由办公室主任担任组长,紧密与新闻媒体联系,保证新闻稿件报道真实性,尤其是对堤防堵口险情的实时报道要求更高,绝不能让媒体炒作,搞轰动效应。

二、快速反应,及早部署

各级河务部门负责人在现场与专家组及各级技术部门共同商定抢护方案。重大险情需动用部队时,应通过省防指联系部队,紧急情况时也可以边动用边请示,部队官兵到达后,交由总指挥安排部署部队抢险。另外,抢护重大险情时抢险车辆、机械往来频繁,交通拥挤,必须与地方协商实施交通管制,这项任务可交由市、县公安部门完成。调用主要抢险料物(常用的柳秸料)、大型机械设备、水上交通船只、基干民兵等,市级相应主管部门也要到现场,随时听候命令配合抢险。

为更好地组织科学高效抢险,黄河专业抢险队与部队、亦工亦农抢险队和基干民兵科学组合,发挥各自的优势,避其劣势,达到快速抢险。对于重点险情,需由专业抢险队带头,部队紧密配合,亦工亦农抢险队和基干民兵辅助抢护,这样才能更好地按照专家组制订的方案,快速准确地完成任务。

三、各级河务局局长或主管副局长工作的不同侧重点

(一)省河务局局长

(1)主管局长要在第一时间赶到现场,及时了解险情状况,包括险情性质,抢险现场存在的主要问题、是否需要调动专业抢险队或者部队等。

(2)确定抢险现场指挥部的规模,若险情影响范围很大,需跨地市调动机械设备和抢险料物,同时需要动用部队,一般情况下,主管省长任总指挥,省河务局局长任副总指挥,主管局长任专家组组长,相关市委书记、市长任副总指挥,省委组织部部长任督察组组长,市委组织部部长任督察组副组长,主管副市长任后勤保障组组长。

若涉及范围在本市区,相应指挥组织体系由市长或主管市长担任总指挥,其他副总指挥依此类推。

(3)指挥运转基本机制:总指挥根据专家组制订的方案全面安排部署;省河务局局长重点把握抢险现场亟待解决的主要问题,给总指挥及时提供科学决策基本素材;主管副局长实际上是抢险现场总指挥,不但要为局长及时提供素材,掌握现场全面情况,还要制订总体方案,同时协调现场各个方面,如机动抢险队调遣,部队协调安排,地方人力、物力的到位情况等。

(二)市河务局局长

(1)市河务局局长应在第一时间赶到出险现场,当好省河务局主管副局长的助手,简要报告抢险现场基本情况,并提出抢险指挥、调度、部署基本框架以及是否需要外援。

市河务局主管副局长要当好局长的助手,向局长报告抢险现场情况、基本部署、亟待解决的关键问题等。一旦省级指挥部成立,其主要任务是协调各抢险队及处理与部队有关的事宜。

(2)市河务局局长还具备着双重身份,除与省河务局领导保持密切联系、部署整体抢险现场外,还要密切与市政府主要领导联系,当好地方行政首长的参谋,尤其是需要市政府领导出面解决的重要问题,要事先提交书面材料。一般包括四大项:一是社会供应的柳秸料,二是治安交通管制,三是急需的大型机械设备和抢险队伍,四是是否需要外援及其内容(包括黄河机动抢险队和部队增援)。

(3)市河务局局长不仅要当好行政首长和上级主管领导的参谋,同时还要关注后勤生活保障。要选派一名副局长专管后勤保障,协调好各种关系,定时了解情况,发现问题及时解决。

此外，要关注新闻媒体的对外报道，应给予更多真实可靠的正面信息和报道，如某地出现重大险情，重点报道险情抢护的进程，党、政、军、民战胜险情的决心、信心以及模范事迹，对于不利于稳定群众情绪的负面情况应谨慎报道，如生产堤决口后的淹没情况、淹没损失等，若媒体必须报道淹没情况，应要求同时报道政府妥善安置情况。

（三）县级河务局局长

（1）县级河务局局长对重大险情的发生和发展应做到心中有数，早做准备，提前向上级报告，并提出抢修方案。如1993年高朱庄紧急抢修830 m工程；2003年封丘大功紧急抢修2道坝、9个垛，工程长800 m，均属县级河务局提前请示抢修方案的实例。不允许等待险情发展成为重大险情时才报告、部署。

（2）在省、市级没有正式成立抢险指挥部前，县级地方政府要首先成立临时抢险指挥部，部署抢大险的各项准备工作，如需用的柳秸料、机械设备、紧急抢修循回道路、实行交通管制等。

（3）省、市级正式成立抢险指挥部后，县级河务局领导班子成员的工作是配合指挥部，做好各项服务工作，重点服务于后勤供应。一是生活保障方面，要有专门副局长负责；二是前线用料供应方面必须配备一名副局长负责；三是宣传报道方面要由专门班子成员配合工作。与此同时，各班子成员手下根据需要配备一些人员执行各项任务，生活保障方面配助手3～5人，前线供料方面不少于10人，宣传报道方面1～2人，应根据实际需要适当增减。县局局长统揽全局，落实上级的各项指令。

第三节　抢险注意事项

一、抢险原则

（一）掌握抢早抢小的原则

无论是控导工程还是堤防险工，发生险情时一般都有预兆，也就是说造成恶险、大险决不是偶然的。因此，强调工程管理人员日常的河势及工程情况观测，其目的就在于时刻注意河势变化，分析对工程的影响。倘若能及早预估河势变化，就可早做准备，及早进行抢护，这样不仅可以掌握抢险的主动，还可节约大量的人力、物力。尤其是危及堤防安全的河势，更应及早部署，绝不能等洪水冲到堤根再着手抢护。1993年，高朱庄至黑岗口险工830 m空当，就是由于河势的突变,再加上有些人员思想懈怠,行动迟缓,造成了较为紧张的被动抢险局面。

(二)对多处出险要掌握"先上后下、先主后次、先点后面"的原则

在一处工程抢险中如果战线较长、出险坝岸多,对险情宏观控制一般应采取"先上后下,先主后次,先点后面"的抢护原则。所谓"先上后下",即优先抢护工程上首的出险坝岸,只有稳住上首工程,整体工程的险情才能得以控制。所谓"先主后次",就是在各坝险情有大有小时,要集中力量抢护险情较大的坝岸,确保工程安全。若险情不能得到遏制,将会导致一般坝岸险情的发展。若能控制重点险坝,下游坝岸险情就可以得到缓解。所谓"先点后面",是指一座工程险情较长时,要定点抢修,也就是常说的抢修小垛控制险情,而不是"普遍开花"。只有固守几个险点,才能保住整体,若"普遍开花",用工用料多,且难以防守,尤其在人工、料物匮乏的情况下更要注意。

此外,对于一道长丁坝大面积出险,应本着"先抢根,后抢头"和"先抢后,再抢前"的抢护原则。只有抢住坝根,抢头才有阵地,倘若先抢前头,置后头于不顾,洪水冲断坝根,前头也就自然会失守。

(三)因地制宜、就地取材、灵活机动的抢险原则

黄河工程抢险,因各地地理位置不同,风俗人情也各有特点,因此在抢险时要因地制宜,不要生搬硬套,如城市郊区与县区、富裕地区与贫困地区差异就很大,所以应结合当地实际制订一套切实可行的办法。如紧急抢险,料物供应不上,可以砍伐工程上的备防料源,也可先用田地青干、玉米秆、棉花秆、稻草等,以解燃眉之急。

抢护方案的制订要"灵活机动",在抢险时"有什么用什么",比如没有捆厢船,可以用浮枕代替;块石少了用编织袋装土代替等。其目的是利用一切可利用的条件,使险情尽快得以控制。

二、关系协调

大型工程抢险涉及单位和人员较多,因此经常会出现各种各样的矛盾。为了尽量减少矛盾、化解矛盾,应协调好以下几种关系。

(一)前方与后方的关系

在抢险中前方和后方是一个有机统一的整体。前方是主体,后方服务于主体。但是如果没有后方作坚强后盾,前方便成了无源之水,所以在抢险过程中应遵循以下原则。

1. 后方尽可能满足前方工作需要

人力保障:一般在大型抢险中,前方抢险一线人员非常辛苦,险情紧急时,不但吃不好、喝不好，而且精神压力大。因此，后方要竭尽全力做好服务，保证前方人员的饮食和休息。另外，要有替补人员，无论是前方人员还是后方人员，在疲累或患有疾病时，要求替补人员立刻补上，避免人员缺岗空当，贻误战机。

料物保障：防汛抢险的三大要素是人力、料物、技术。黄河上有一条不成文的规定，即有人有料，发生问题是河务部门的责任；缺人无料，发生问题是地方政府的责任，这充分体现了责任制的重要性。由此可见，人力和料物的供应是决定抢险胜败的关键，这就要求后方供料必须满足险情需要。

2. 加强相互沟通协调

在抢险过程中，前方要及早提出所需料物的规格、数量及到位时间，以便后方供应工作有准备地进行，除特殊情况外，不能立刻要求供应，尤其要杜绝那些经过努力也办不到的要求。这就要求前方要科学地、实事求是地、经常不断地与后方沟通。

（二）地方政府与河务部门的关系

在大型抢险中，决策人是地方政府行政领导，河务部门仅起参谋作用，二者之间是领导与被领导的关系，都要摆正自己的位置。

1. 地方政府行政首长全面负责

在大型抢险中，地方政府行政首长是指挥长，对整个工程要全面负责。其主要职责是发布抢险实施命令，落实抢险料物供应和各级抢险人员（包括民工队伍和专业队伍）到位。

2. 河务部门的领导要当好参谋

在大型抢险中，河务部门领导要摆正自己的位置，要把抢险总体布置、抢护方案等向地方政府行政首长报告，重要指令由地方政府行政首长发布。在抢险中出现的问题和需要采取的措施，要及时向地方政府行政首长报告，使问题能够及时解决。

（三）专业队伍与民工队伍的关系

专业队伍是抢险的骨干力量，抢险技术和抢险经验都优于民工队伍，因此在险情抢护过程中应起主导作用；民工队伍在抢险中应是支持力量，需要专业队伍的指导。二者虽然有主与从的关系，但在抢险中密不可分，缺一不可，因此二者必须有机结合，做好以下工作。

1. 专业队伍要主动与民工队伍配合

在抢险中专业队伍是抢险的组织者，而民工队伍仅仅是协助专业队伍完成任务的动力，帮助搬运料物和协助操作。因此，专业队伍必须积极主动与民工队伍取得联系，科学地安排民工队伍的任务，同时可在适当的时机选派精壮劳动力充实到专业队伍中去，并传授技术，使其配合默契、关系融洽，达到快速高效抢险。

2. 民工队伍必须服从专业队伍的技术指导

民工队伍在抢险中的位置，决定了其必须服从专业队伍的指挥，但专业队伍在指挥调度中，要注意工作方式方法，尤其是农村实行经济责任制以来，农民在观念上变化较大，因此原则上只指挥到村干部或被指名的班(组)长，一般不要直接指挥到某一个人。

(四)河务部门与部队的关系

部队参加抗洪抢险是军民共建家园的体现，河务部门必须向部队明确任务，一般情况下，将急、难、险、重的任务交给部队。由于部队缺乏抢险技术经验，为使部队发挥更大的作用，河务部门应做好以下协调工作。

1. 短期培训

派一定数量的专业队伍到部队进行现场技术指导和培训，实行一对一快速培训，使部队尽快进入角色。待达到能独立操作的程度，专业队伍方可撤出，但还应留少量的人员现场指导。

2. 做好部队料物供应

部队抢险速度较快，因此在料物供应方面要配备专门供料员，满足其需要。在料物紧缺时，除满足紧急险点抢险用料外，要优先满足部队。部队抢险有时会注重数量而忽视质量，特别在捆枕时，装石较少，出现过将浮枕推入河中的现象。1985 年孟县大坝抢险，部队抢护的部位，流速很快，埽体很快出水，后来却未能抓底。其主要原因就是柳枕放置石料较少，处于半沉半浮的状态。

3. 做好后勤慰问工作

一般情况下，部队抢险都携带干粮，但也是有限的。因此，要定时予以必要的补充供给。即使部队给养供应充足，也应定时予以慰问，可以组织职工、农民、学生、文艺团体等以不同形式到现场慰问，藉以加强军政、军民关系。

要杜绝子弟兵在拼命抢险时群众却袖手旁观的现象出现。要教育群众学习 1998 年“三江”大水时，老百姓支持、热爱子弟兵的动人事迹。子弟兵置生命于不顾为民解难，乡、村干部必须动员群众热情地、真诚地做好拥军工作。只有水乳交融，凝聚力强，才能克敌制胜，战胜洪水。

第三章 抢险现场指挥

抢险现场指挥员不是单靠书本知识就能培养出来的,必须经过抢险现场实践锻炼,理论与实践有机结合。正如毛泽东同志在《中国革命战争的战略问题》中的一段论述:读书是学习,使用也是学习,而是更重要的学习,从战争中学习战争——这是我们的主要方法。没有进学校机会的人,仍然可以学习战争,就是从战争中学习。毛泽东同志这段英明论述,对黄河抢险指挥员的锻炼成长是非常适合的。因此,抢险指挥员必须深入抢险现场,亲自指挥抢险,并对不同的部门进行协调,包括物资供应、后勤保障、社会协调等。只有经过多方面的实践锻炼,才能在指挥中科学决策、正确部署。

第一节 现场指挥员的组织能力

现场指挥员不仅要具有险情抢护的指挥能力,同时还应具有料物供应、后勤供给的组织能力,以及对突发事件的应变处理能力,这就是通常所说的综合组织能力。

一、快速组织料物供应

抢险料物是险情抢护必备之物,一旦供应迟缓,就如同坐以待毙,因而快速筹集料物并及时供应,在抢险中占有举足轻重的地位。

(1)就地取材。一般情况下,抢险开始后,若地方群众送料不能及时到位,可在附近工程上、堤防上砍伐一些树枝,其次就近征收一些高秆农作物,以解燃眉之急。

(2)依靠政府紧急派料。大型抢险用料较多,必须由地方政府行政首长下达命令,指挥各乡(镇)定时定量完成任务。但在紧急时刻经地方政府行政首长同意后,可直接指令各乡(镇)限期完成任务。

(3)了解现场动态,预测所需料物。现场指挥人员要经常到现场了解料物需求的情况,包括国家储备物资,如铅丝网片、麻绳、木桩等。同时,还要掌握库存储备情况,一旦发现不足,及时报请上级调运。

二、精心组织，确保后勤供应

抢险组织机构中都专门设置有后勤供应组，而对于中小型抢险，一般是指挥员直接布置后勤工作。因此，中小型抢险是锻炼现场指挥员的好机会。中小型抢险后勤供应的重点如下：

（1）可从机关抽派办公室主任或副主任到工地负责组织后勤供应工作以及队伍组建。

（2）抽调专门车辆（必要时可以租车）服务于后勤，同时在资金上要予以保障。

（3）办公室主任制订出后勤供应计划，由工地指挥领导小组审查同意批准后实施。

（4）组织宣传报道，及时上报工作开展情况。

三、处理好突发事件

在抢险现场，突发事件的发生不足为奇，正确处理、尽快平息事态，是一个指挥员综合能力的体现。

（1）埽体出现猛墩猛蛰，这在抢险工作中是屡见不鲜的，此时要冷静，这可能是由于层沙层淤“格子底”，或埽体腐烂与走失造成的，埽体会瞬间入水导致跑埽事故。因此，不允许工人在埽面上睡觉或休息。若遇到类似情况，指挥员必须快速组织人力，现场探测埽体入水的深度，尽快加埽抢修；也可以用船在埽外抛铅丝石笼或散石，起到嵌固埽体的作用。

（2）当出现人员工伤事故时，指挥员要沉着冷静，果断采取措施，快速将伤员送往医院，一方面是让伤员及时治疗，另一方面也是尽快稳定现场局势的需要。若出现伤亡事故，要快速报请公安部门处置，设法将尸体安放他处，同时要派相关人员做好善后工作。

（3）当抢险工地出现打架斗殴现象时，抢险指挥人员要立刻组织公安干警对打架双方强行制止，严防打群架，并及时查明原因，严肃处理。

第二节　现场指挥员的协调能力

抢险现场指挥员经过多方面的实践锻炼，可以较为全面地掌握抢险技能，但要成为一名优秀的现场指挥员，还必须具有统揽全局的能力。要想统揽全局，首先要具备统揽全局的心理素质，其次要具备统揽全局的指挥调度能力，还要具备统揽全局的协调能力。

一、统揽全局是综合素质的体现

统揽全局是综合素质的体现：一是具有爱岗敬业的良好职业道德；二是要有不怕艰难险阻、勇往直前战胜洪水的信心和决心；三是要有业务熟悉、技术精湛、果断处理业务工作中难点的本领。

(1)爱岗敬业是每个工作人员的职责，良好的职业道德是应有的品质。抢险现场指挥是项非常艰苦且责任重大的任务。抢险现场指挥员必须具有热爱黄河事业及良好的爱岗敬业精神。一个抢险现场指挥员，肩负着保护国家和人民生命财产安全的重任，因此必须心系国家和人民，为了国家和人民的利益置生死于度外。事实上，在历史上和现阶段许许多多的治黄前辈们也正是这样做的。在抢险现场，不管是指挥员还是战斗员，风餐露宿，不辞劳苦。因此，要有良好的职业道德、勇于牺牲的献身精神，才能成为一个优秀的指挥员。

(2)树立战胜洪水的信心和决心。一个不合格的指挥员在汹涌澎湃的洪水面前心惊胆战，束手无策。而一个优秀的指挥员则表现出一种大无畏精神，在战略上藐视险情，在战术上重视险情。树立必胜的信心和决心，只有这样才无愧于优秀指挥员的称号。

在大型抢险中，险情恶化往往防不胜防，尤其是大溜顶冲，堤岸坍塌迅猛，抢护三五昼夜不见成效的事例并非罕见。1985 年，在孟县河段由于河心滩挑溜，水流坐湾出现斜河，直冲大堤。封丘抢险队奉命出征，在抢险当天的晚上，所守护的工段堤顶仅剩 1/3，堤顶又崩裂出一条 30 cm 的大缝，抢险队员立即投入抢护，在组织形式上将民工分为三班，每班 50 人，现场捆抛 3 个柳石枕就地休息，如此循环进行。为安全起见，又派专人观测大堤裂缝的发展，经过 12 小时的紧张抢护，岌岌可危的黄河大堤终于转危为安。这个例子说明，再大的险情，只要克服困难，组织指挥得力，总是可以战胜的。所谓抢不住的险，就是专门欺侮那些望而生畏、畏惧不前的人。所以，一个优秀的指挥员必须具备“泰山压顶不弯腰”的英雄气概。在治河的历史上，凡是治河有功的名将，在指挥上也都有非凡的表现。据传，巡抚刘统勋在封丘县曹岗指挥堤防堵口时，亲自督阵，顶着烈日，下属官员们派人打伞，他却抛伞于河中，后来连草帽也弃于河中，下层官员目睹此景不敢怠慢，纷纷参与运料，促使抢险进度加快，历经三昼夜的现场督战，口门顺利合龙。这虽是历史故事，但也说明在封建社会里，封建官僚在治理黄河时还能身先士卒，在洪水面前表现出一种不可战胜的英雄气概，而在共产党领导下的治黄史上类似的感人事例更是层出不穷。

1954年，封丘贯台西大坝抢险，时任平原省河务局局长的张方同志亲临一线督阵，当时大雨滂沱，当他看到民工在无任何雨具的情况下冒雨抢险时，他也脱下了身上的雨衣，任凭雨淋。现场的行署专员、县长以及全体民工无一怠工。张方局长为后人树立了一个光辉形象。

(3)身为现场指挥员，技术要精，造诣要深，善于处理难点。国际友人白求恩同志能够受到人们的敬仰，不仅仅是因为他具有国际共产主义精神和高尚的医德，还因为他具备精湛的医术，是救死扶伤方面的一面旗帜。黄河险情抢护亦是如此，技术指挥必须有真才实学，技术精通才能处理各类险情，排除各种难点，决不能文过饰非、装腔作势。若遇难点，处理要果断、正确，既不能似是而非，也不能自欺欺人，否则将贻误抢险时机；若发现滥竽充数或徒有虚名者，必须及时处理。

综合以上事例进一步说明，一个现场指挥员，不仅仅要有抢险指挥能力，还必须具备统揽全局的综合素质。

二、统揽全局的指挥调度能力

现场指挥员在抢险中不仅能单独处理局部险情，还应有指挥整体的能力，这就要求指挥员具备能够统揽全局的指挥调度能力。

(一)把握全局，保证重点，兼顾一般的战略战术

大型抢险一般是多道坝出险，现场指挥员要清楚整个工程险情的状况，要有计划地保证重点险情的人力和物力，尤其是要选择能打硬仗的抢险队抢守险情最重的坝岸，在料物供应上要设专人负责，保障供应，把主要精力用到重点堤段的抢护上。所谓“兼顾一般”，就是对那些险情不十分严重的坝岸，只要求在分工时交待清楚防守任务与抢护原则，以及必要的人力、物力配备等，对其抢护不要花费过多的精力。

(二)把握险情变化，及时调整阵容

黄河工程抢险往往由于大河流量的变化，险情的重点也随之变化。因此，现场指挥员必须有洞察力，及早部署，若等到工程出现大险再下手调整，则为时已晚。

(三)巡回现场检查，重点险段临阵督战

一个现场指挥员，即使在抢险任务已明确，战斗也全面打响以后，也不能高枕无忧。此时，应冷静分析每一处险点还存在什么问题，还有多少关键性的问题需要向地方政府汇报解决等。在深思熟虑之后，制订计划，分头布置实施。尽管如此，现场指挥员还要定时现场巡回检查，有时在关键险情的紧要关

头要亲自督阵。

三、统揽全局的综合协调能力

现场指挥员的综合协调能力非常重要,因为在抢险战场上会出现各种各样的矛盾和问题,处理不好就会直接影响抢险进程。因此,现场指挥员能力要强,并适当配备精干的管理人员,综合协调各项工作。对特殊事情的协调,需报请工地总指挥。

现场指挥员还应注意以下几项重要工作的协调处理:

(1)协调好软料供应与收购之间的矛盾。一方面,群众送料集中,特别是雨雪天,道路常常会发生拥挤堵塞现象;另一方面,采用目估计量时双方易存在分歧。

(2)协调好与抢险工程所在地乡级政府的矛盾,这主要表现在民工素质的保障上。这种矛盾由县级指挥长去解决。

(3)协调好后勤与前方的供需矛盾。指挥员要深入实际,心中有数,这个供需矛盾才能迎刃而解。

(4)协调好各抢险队之间的矛盾。

第三节 现场指挥员的经验积累

丰富的经验和正确的决策来源于抢险实践。如何将经验转化为能力,不是每一个人都能做到的,这就要求指挥员必须做到以下几点。

一、善于总结经验教训

黄河工程抢险没有固定不变的模式,在抢险的组织中每次都有成功的经验和失败的教训,一个现场指挥员必须善于总结才能提高本领。现列举几个在抢险中取得经验的例子。

(一)在工程抢险中总结经验

抢险队伍优化组合必须适应农村的体制,如农村实行责任制后,民工半义务性的抢险制度逐渐消失,民工自愿抢险队就应时而生,这批队伍发展到今天就成为了亦工亦农抢险队。对抢险队实行量化管理、按件计资、以队结算等项措施也就先后出台,这样既提高了民工抢险的积极性,又有利于现场指挥。又如实施摊派民工,困难大、效率低,也不便于指挥。为此,汛前就在沿黄靠近工程村庄组织群众自愿包工队,并签订合同,建立档案。同时,每年进行技术培训，以提高其政治和业务技术素质。经过实践，这种方法收效良好。目前，这种类型队伍的人数在河南省已达4 500余人，成为黄河抗洪抢险的一支生力军。

（二）推广应用抢护新工艺、新材料、新器具

传统的抢险方法和技术是前人在长期的实践中总结出来，是留给我们的宝贵财富，必须予以继承发扬。但传统技术需要投入大量的劳动力，因此要求治黄专业队伍在技术创新解放生产力方面要解放思想、大胆实践。1990年，在封丘禅房控导工程37号坝抢修工程水中进占时，曾用土工织物代替柳石进占，虽然没有取得成功，但通过积极探索，目前该技术已成熟，可以进一步推广。采用该技术的特点：一是减少柳石料的使用，减少劳动力投入；二是减少投资；三是有利于保护生态环境。

黄委会和河南黄河河务局已推广10多种新机具，其中巩义黄河河务局的软料叉车，孟津黄河河务局的挖掘机辅爪，长垣黄河河务局的铅丝石笼电动封口机、手工封口器，范县黄河河务局研制的抛枕机，孟州黄河河务局研制的多功能抢险车，封丘黄河河务局研制的LT－A型自动报警器、水轮探测器等都已经专家鉴定并推广使用，这些抢险器械都是在实践中感悟而研制出来的，因此具有较强的生命力。

（三）推行机械化抢险

大型抢险机械的普及使传统的抢险方法与机械设备有机结合成为可能。河南黄河系统职工进行了大型机械在防汛抢险中的应用研究，获得了成功，并广泛应用于抢险实践，这是抢险技术的一个飞跃，基本上形成了快速、高效、机械化抢险的新格局，今后大型抢险首推机械化抢险方案。

二、在抢险中学会指挥

抢险现场指挥员的指挥决策能力是在多次抢险中逐步形成并提高的。因此，只有不断实践才能有所成就。

（一）基本技术的学习

在抢险现场，现场指挥员除多向老队长、老工人请教外，平时还要系统学习理论知识、黄河埽工、抢险技术手册等，对柳石枕、铅丝石笼、柳石搂厢等的操作程序、适用范围、注意事项等深入理解。此外，还要学习分析河势、估工、估料以及对险情的描述等，人们称之为“内功”。只有练好“内功”，指挥起来才能得心应手。作为一个现场指挥员若不懂抢险程序，随意发号施令，会给抢险造成混乱，贻误抢险时机。例如，有一处工程坝垛常年靠大溜，工程基础相当深，但由于常年大溜顶冲，新抛根石难免有所走失，此类险情处理起来相对比较容易,可有些现场指挥员则指挥抛柳石枕,结果仅抛两三个柳石枕就露出了水面,不能从根本上解决坝垛稳定的问题。因此,要求现场指挥员既要有抢险理论知识,又要有娴熟的抢险技能和实践操作水平,减少或避免因指挥不当而导致的失误。

(二)调动民工积极性

在抢险中专业队伍比民工积极主动,要想提高抢险效率,关键在于民工队伍的教育与配合,如何激发民工的积极性是一门学问,这里简要介绍一下调动民工积极性的几项措施:

(1)抓住民工的心理。民工参加抢险,当他们看到险情得到初步控制时,思想就开始松懈。为此,在抢筑搂厢时,只要埽不到位,柳秸料铺好后,要多抛石压埽,埽就下沉入水,使民工有危机感,这样就会激发民工情绪,提高抢险速度。

(2)编制成组,实行定额或定量责任制。在抢险中往往民工人数较多,抢险场面相对较小,很难有效发挥每个民工的作用。因此,根据人员多少可将民工分成若干个小组,实行定额或定量管理,无论抛枕、搂厢、抛石等都实施计件承包作业,完成预定任务可以就地休息,此办法在大型抢险中应用效果较佳。

(3)实行奖惩办法。在紧急抢险时,为了快速控制险情,可以对专业抢险队或民工抢险队实行限时定额奖励制,完不成定额予以惩罚,这是在紧急时刻采用的有效措施。其奖励有物质奖也有名誉奖,这是在社会主义市场经济中,对抢险机制改革的探索,改变在计划经济体制下,对抢险队员只讲奉献,而不讲报酬的状况。

第四章　抢险现场规范化管理流程

抢险现场规范化管理，主要是为了解决抢险现场混乱、效率低下的问题。李富中同志根据自己在基层工作中遇到的实际问题，创编了抢险现场规范化管理流程图，河南黄河河务局防汛办公室以此为基础，召集各市局有关抢险专家重新进行了修订，并于2005年下发执行《关于印发防汛抢险指挥管理规范化系统的通知（试行）》（豫黄防[2005]33号文），应用效果良好，对各地抢险现场管理规范化起到了积极推动作用。

第一节　较大险情规范化管理流程

较大险情指挥管理，原则上是县级人民政府组织抢险现场指挥部，全面负责抢险各项工作。省、市级行政首长不一定到现场指导，省、市河务部门到现场仅作技术指导，但需要调动辖区外机动抢险队时，省、市河务部门通常要派员进驻，参与现场指挥。

一、抢险现场指挥部

职责：抢险现场指挥部（见图4-1）在上级防汛指挥机构和同级人民政府的领导下，负责本区域抗洪抢险指挥任务；发布抗洪抢险指令、指挥决策、指挥调度，制订较大险情抢护方案，落实抗洪队伍，保障料物、机械、设备、物资、交

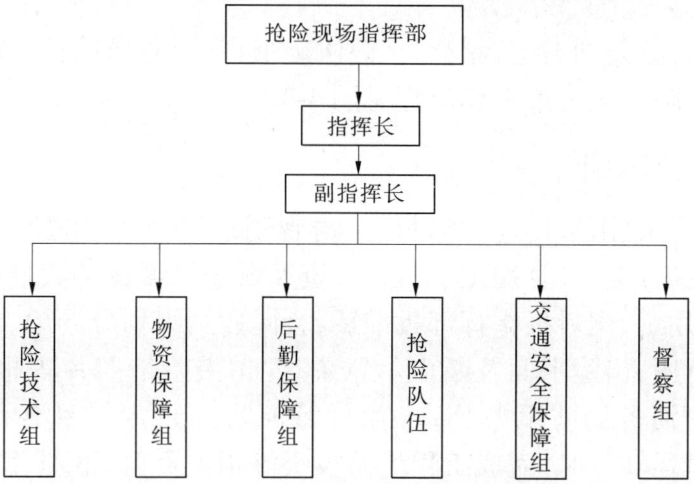

图4-1　防汛抢险现场指挥部组成图

通、安全、宣传、督察等,确保抗洪抢险胜利。

指挥长:县长。

副指挥长:县委副书记、副县长、政法委书记、河务局局长、武装部部长 。

抢险现场指挥部流程见图4-2。

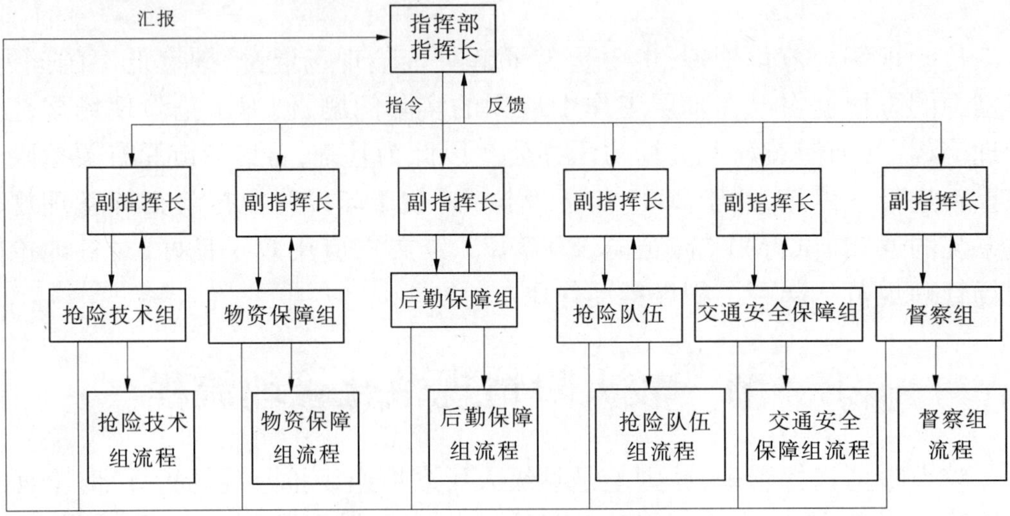

图4-2　抢险现场指挥部流程

二、指挥长

职责:负责组建抢险现场指挥部并坐阵指挥,组织召开现场会,对险情进行会商,签发调度命令;安排调度现场人员、设备、料物,检查人员、料物、设备到位情况。若险情实施不复杂,指挥长也可由主管副县长担任,副指挥长的职位数根据险情大小、难易程度可适当增加或减少。

指挥长:县长。

副指挥长:县委副书记、副县长、政法委书记、河务局局长、武装部部长。

指挥长抢险现场决策工作流程见图4-3。

三、抢险技术组

职责:负责水、雨情传递与河势、工情观测,了解险情出险原因,测量出险尺寸,确定抢护方案;核算用工、用料、投资及所需机械设备数量;将抢护方案、作业面划分、用工、用料报指挥部批准后,会同后勤组划分场地、绘制抢险现场平面布置示意图、出险平面及断面示意图,并拍摄险情照片等报指挥部备案,同时报县黄河河务局防汛办公室(简称黄河防办);定时到各作业面了解用工、用料、机械运转台时、完成工程量及投资等相关资料,整理、统计上报;收集资料,编写总结。

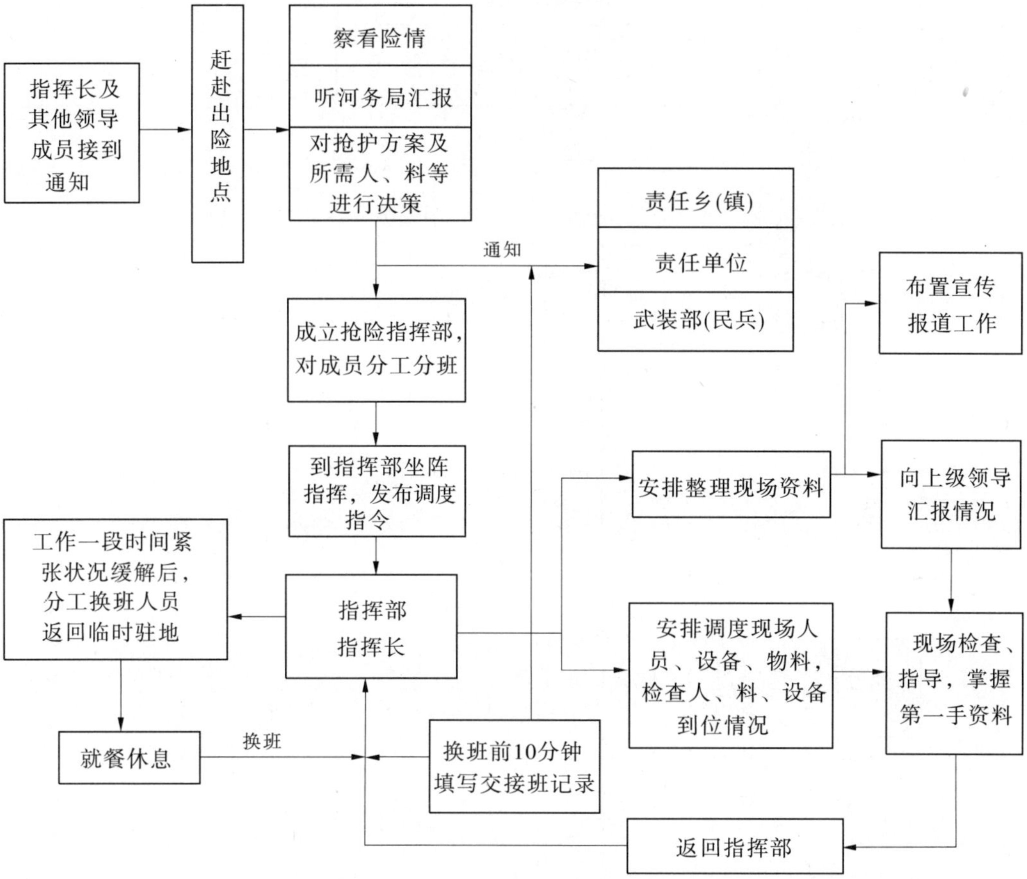

图 4-3　指挥长抢险现场决策工作流程

组长:副指挥长。

副组长:县河务局副局长。

主要成员:县河务局工管科科长、县河务局运行科科长、机动抢险队队长、县河务局工程师、县河务局技师、退休抢险队队长。

抢险技术组作业流程见图 4-4。

四、物资保障组

职责:现场物资保管人员紧急组织应急料物及工器具到现场;会同后勤保障组选定料场,设立标志;做好社会团体和群众料物的筹集供应,并及时汇总报指挥部;调运国家储备料物及工器具,办理领发料手续;抢险结束后清理回收各种物资并办理退库手续,编写工作总结。

组长:副指挥长。

副组长:县河务局副局长、县政府办公室副主任。

主要成员:县河务局财务科科长、县河务局运行科副科长。

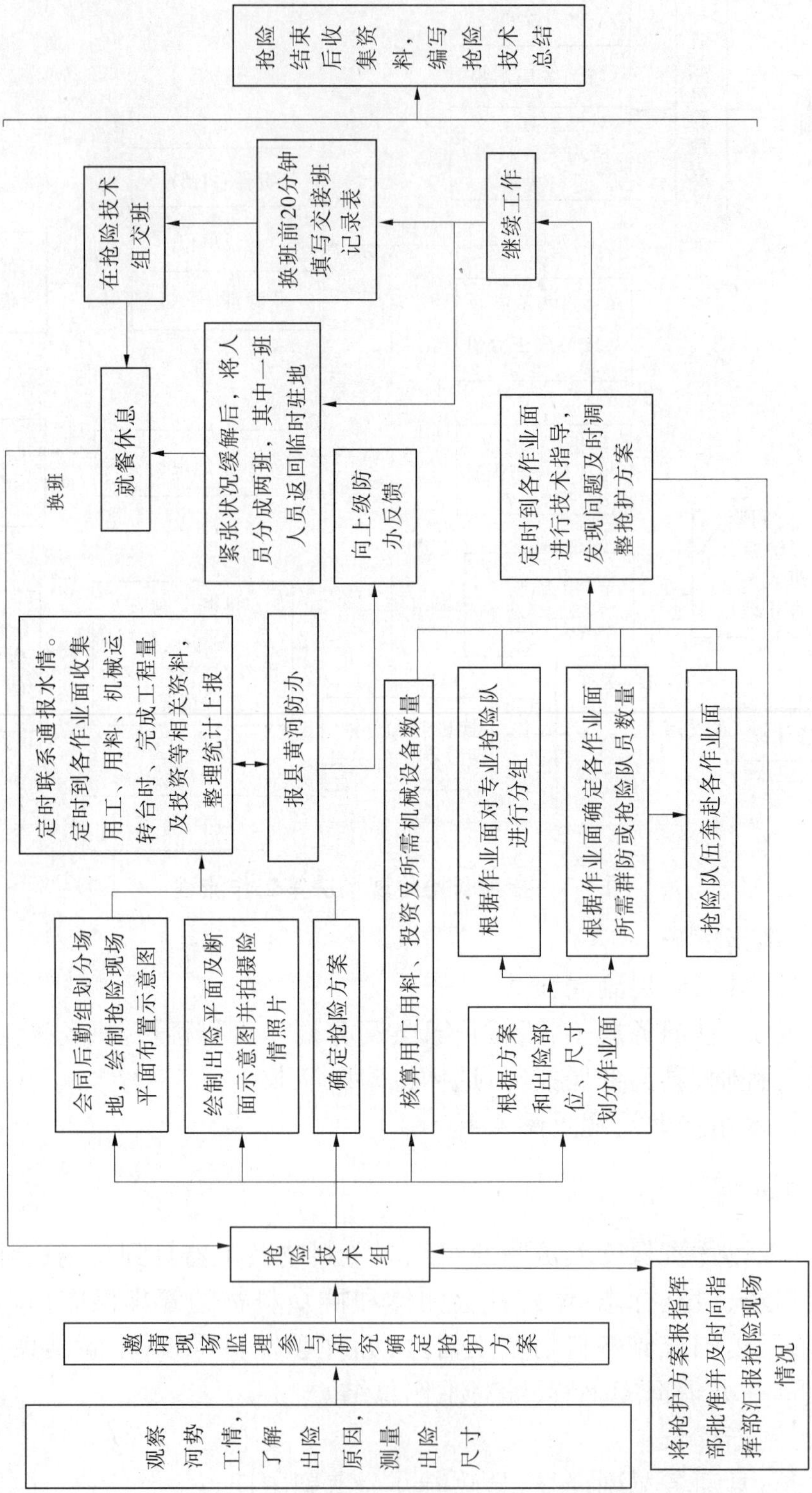

图 4-4 抢险技术组作业流程

物资保障组抢险工作流程见图4-5。

五、后勤保障组

职责:负责险情抢护后勤保障工作。保障抢险现场人员的食宿供应;搭建指挥部;做好抢险现场作业区域划分,设立标志;负责袖标的分、发、收及登记工作;搭建茶水站、医疗服务站、轻松服务站等。通信畅通:为抢险现场提供移动通信基站,在抢险现场指挥部设置固定电话和移动电话。抢险照明:保证防汛抢险现场指挥机构、防洪工程以及所辖工程抗洪抢险现场和防汛仓库的电力供应及现场照明。抢险结束后负责本组资料的收集及工作总结。

组长:副指挥长。

副组长:县河务局副局长。

主要成员:县卫生局局长、县电力公司经理、网通公司经理、移动公司经理、县河务局办公室主任、县河务局通信部门负责人。

后勤保障组抢险工作流程见图4-6。

六、交通安全保障组

职责:负责抢险场所的交通管制、治安管理和安全保卫工作;负责对毁坏的防汛道路进行维修,确保抢险期间辖区通往防洪工程主要防汛道路畅通;疏散抢险现场围观群众,指挥现场各种车辆停放到指定地点,在通往抢险现场各交通路口安排指挥人员,在指挥部及抢险料场安排保卫人员巡查。

组长:副指挥长。

副组长:县公安局副局长、县交警大队队长、县河务局水政科科长。

成员:公安干警若干名。

交通安全保障组抢险工作流程见图4-7。

七、督察组

职责:对防汛抢险工作不力的单位和个人提出批评;责令防汛抢险工作不符合要求的单位限期整改;对在防汛抢险中表现突出的人员与集体及时提出表扬与奖励;对违反防汛纪律、拒不执行防汛指令、临阵脱逃、漏查失察等玩忽职守行为进行现场处理,直至撤职查办。

组长:副指挥长。

成员:县政法委书记、县委办公室副主任、县监察局局长、县河务局纪检组组长、县河务局人劳科科长。

督察组抢险现场督察工作流程见图4-8。

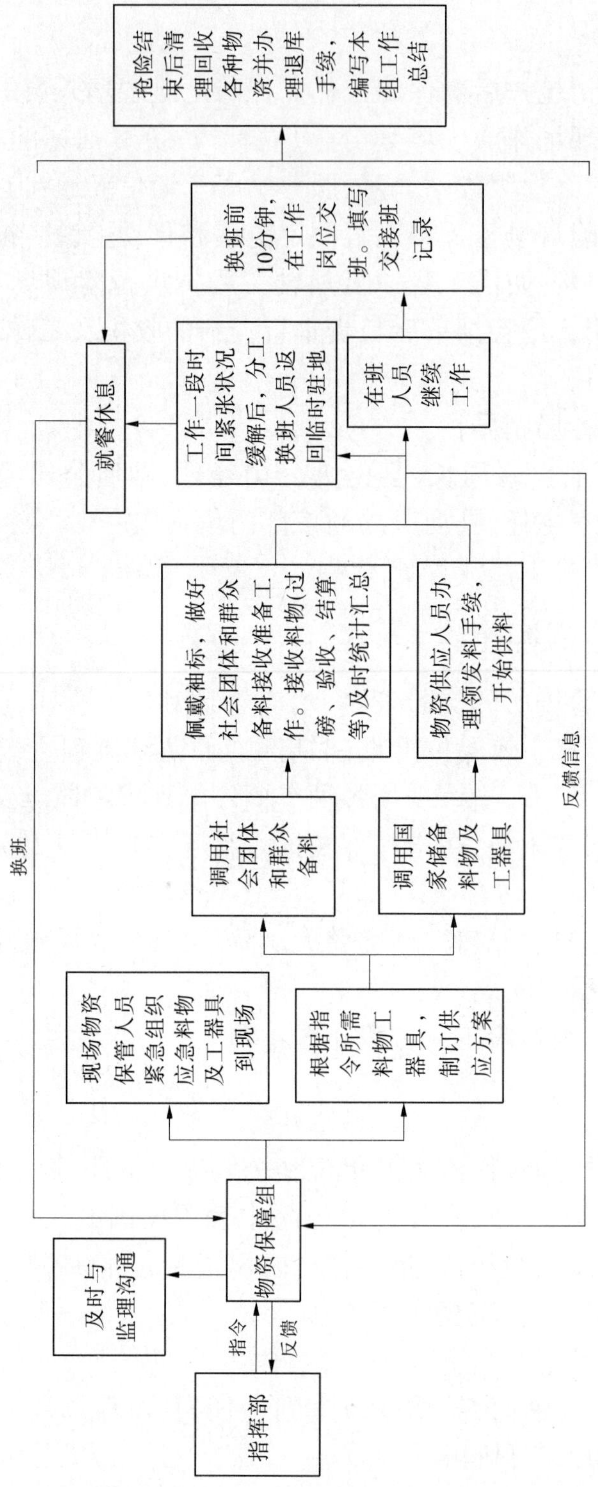

图 4-5　物资保障组抢险工作流程

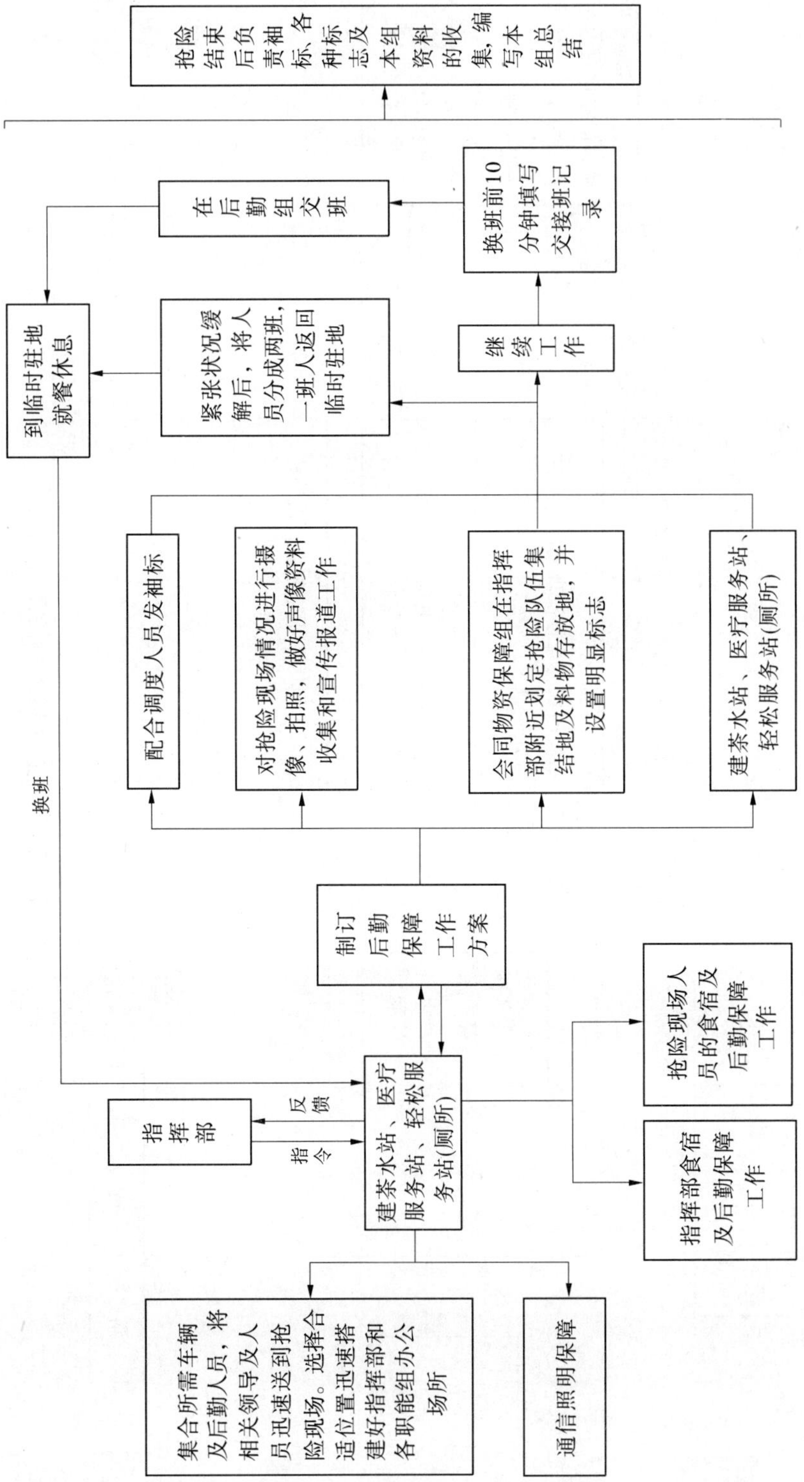

图 4-6　后勤保障组抢险工作流程

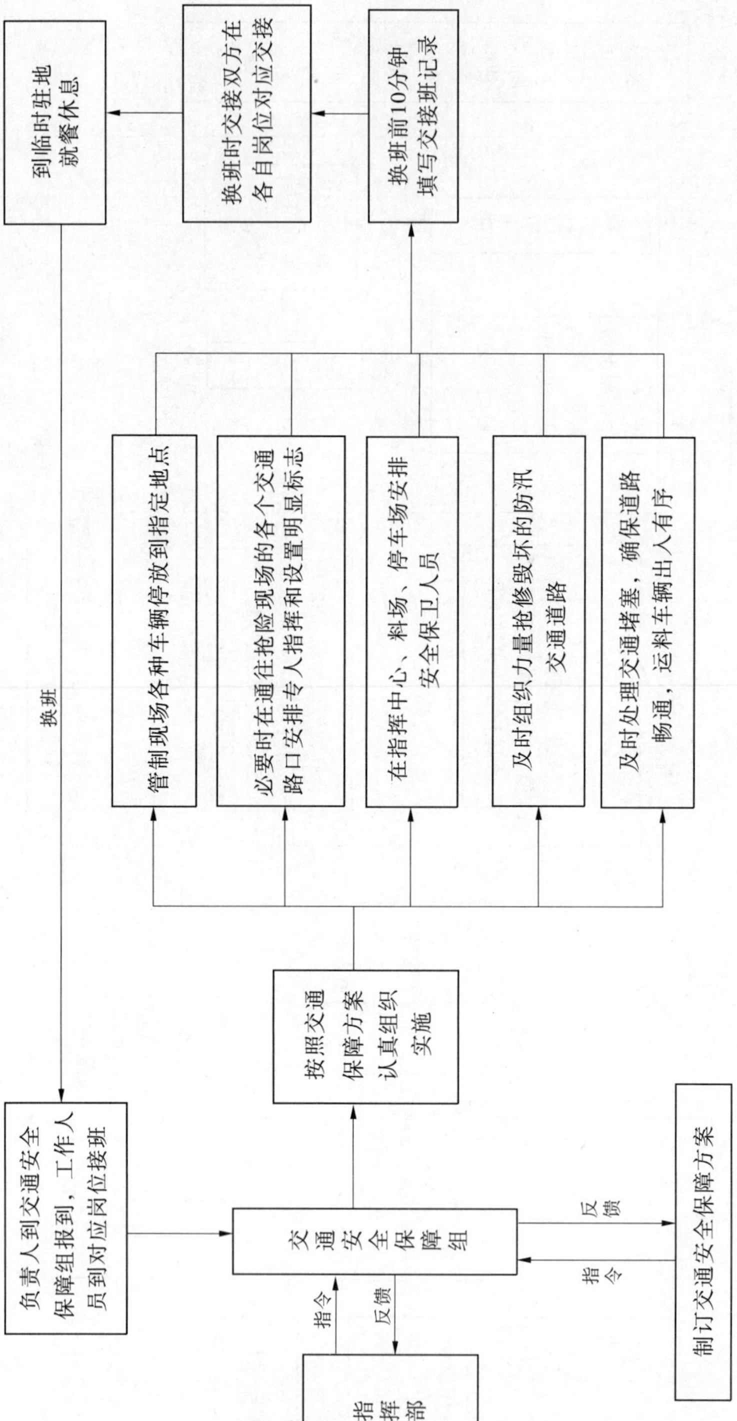

图4-7　交通安全保障组抢险工作流程

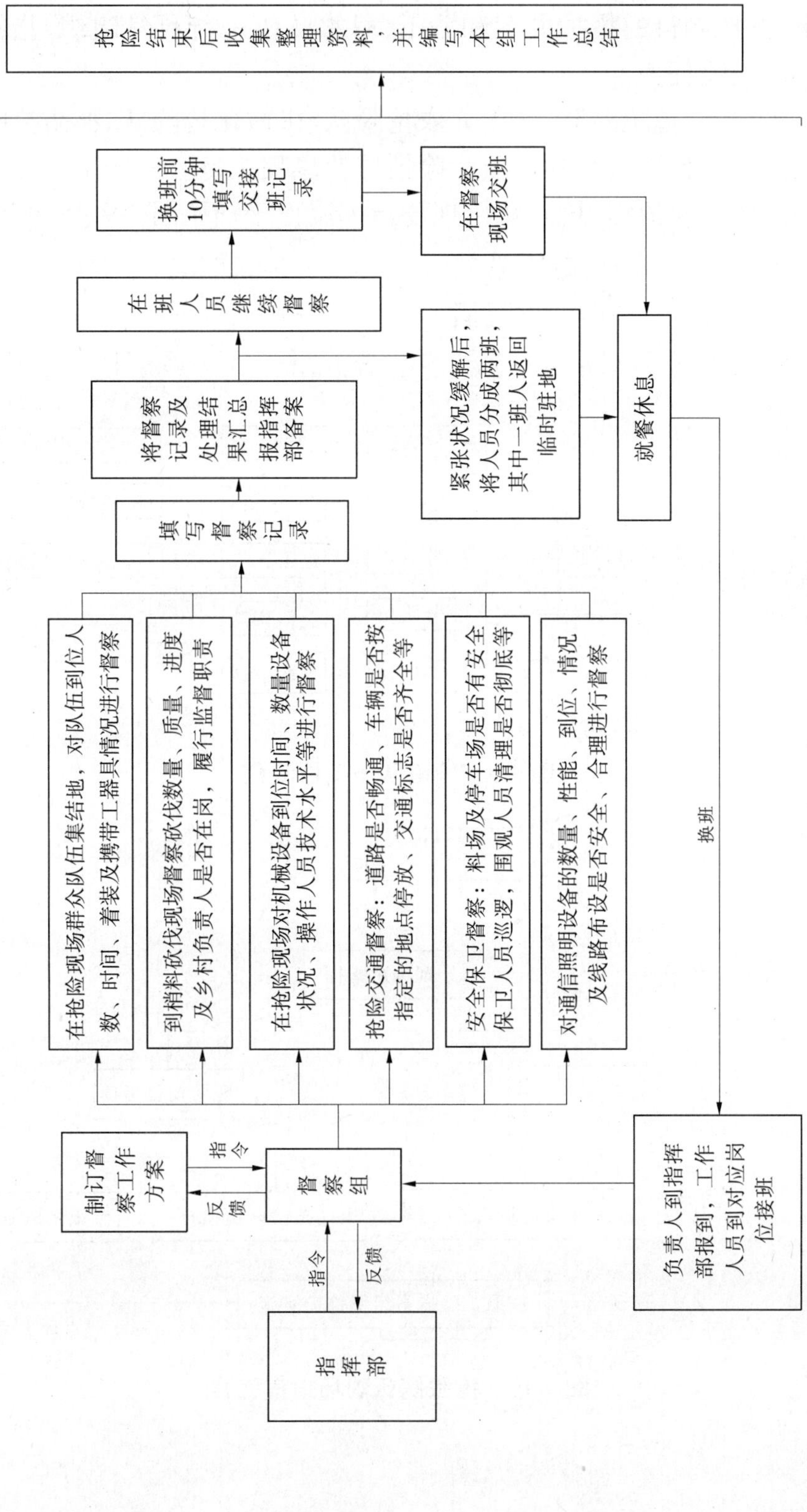

图4-8　督察组抢险现场督察工作流程

八、抢险队伍

职责：按照制订的抢护方案和分工，对本队伍进行科学组织、指挥、调度，完成承担的抢险任务。

人员组成：专业抢险队、亦工亦农抢险队、机械化抢险队、群防抢险队。

各类队伍的抢险流程参照重大险情作业流程执行。

抢险队伍工作流程、抢险队伍现场指挥流程分别见图4-9、图4-10。

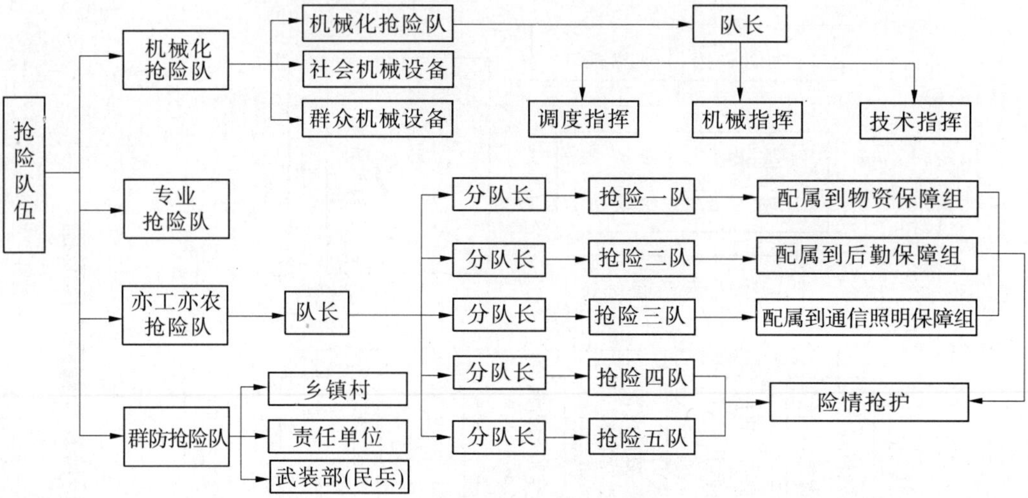

图4-9　抢险队伍工作流程

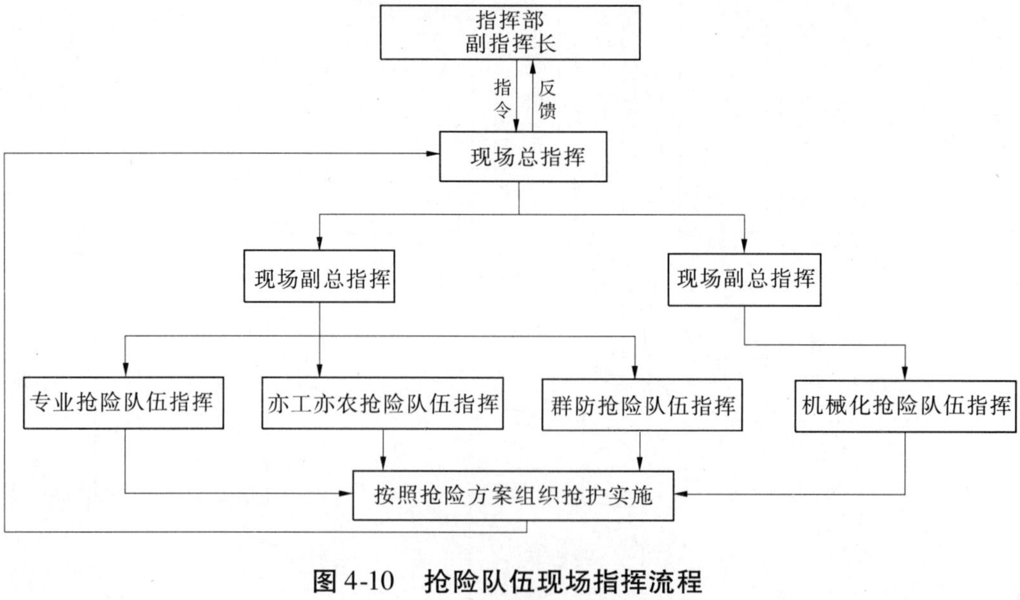

图4-10　抢险队伍现场指挥流程

第二节　重大险情规范化管理流程

重大险情指挥管理,原则上是省、市政府组建抢险现场总指挥部,凡是涉及跨市区参加抢险的重大险情,影响范围较大,基本上都是省政府组建抢险总指挥部,省长或主管副省长任总指挥。本节以省政府组建指挥部模式进行作业流程介绍,市政府组建指挥部时可参照实施。

一、防汛抢险现场总指挥部

职责:防汛抢险现场总指挥部在上级防汛指挥机构和同级人民政府的领导下,负责本区域或跨区抗洪抢险指挥任务;发布抗洪抢险指令、指挥决策、指挥调度,重大险情抢护方案制订,落实抗洪队伍,保障物资供应等,确保抗洪抢险胜利。

总指挥 :省长。

副总指挥 :副省长、省政府秘书长、省军区参谋长、省河务局局长、省水利厅厅长。

成员:省军区副参谋长、省河务局副局长、省发改委主任、省水利厅厅长、省公安厅厅长、省交通厅厅长、省经贸委主任、省电力总公司总经理、省电信总公司总经理。

防汛抢险现场总指挥部组织框架、总指挥部工作流程分别见图 4-11、图 4-12。

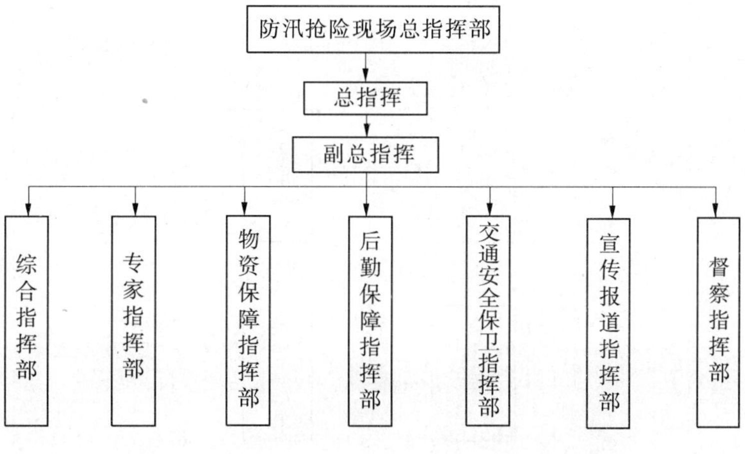

图 4-11　防汛抢险现场总指挥部组织框架

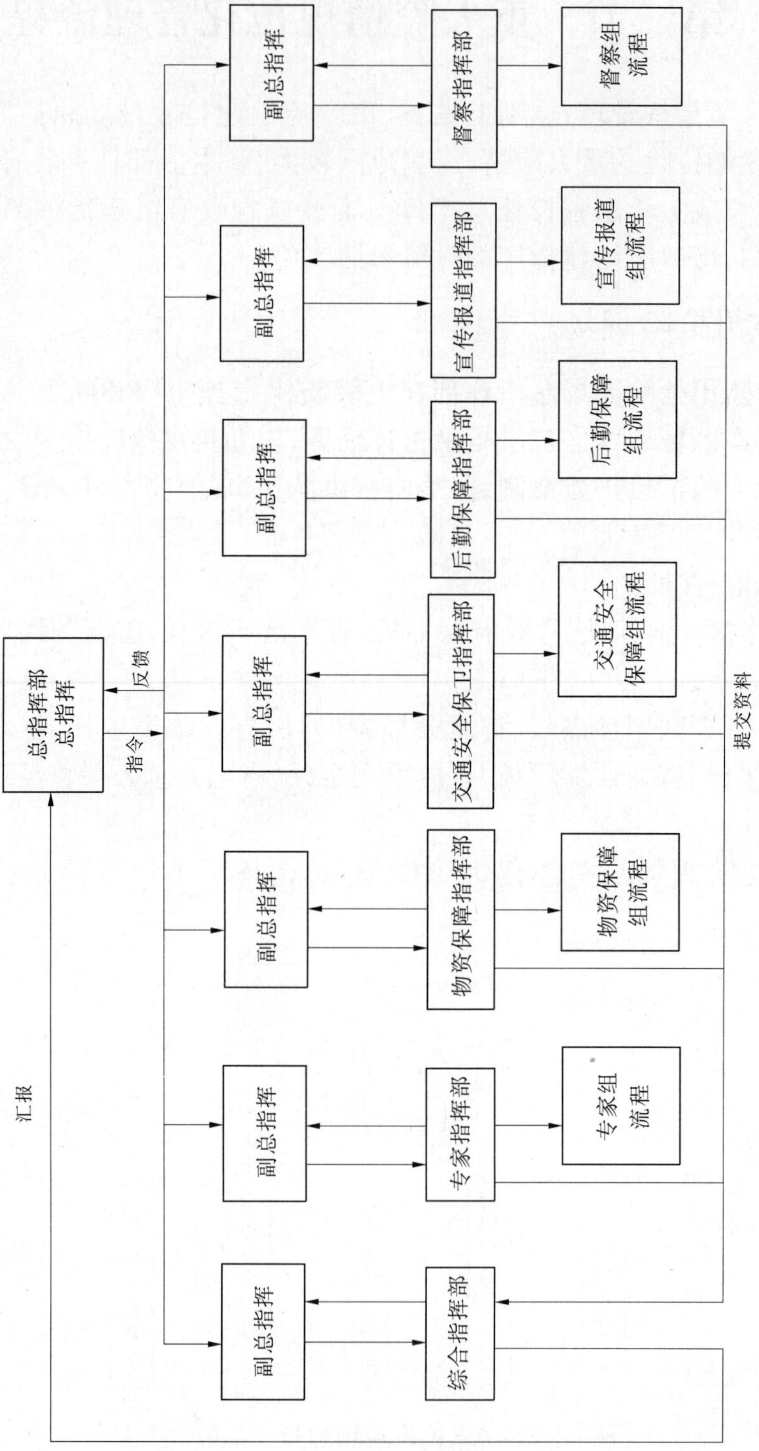

图 4-12　总指挥部工作流程

二、综合指挥部

职责：负责掌握雨、水、工、险情及领导活动等工作动态；及时准确上传下达通知、电报，做好文稿的拟定；整编会议纪要、领导讲话；筹备专题会议；收集险情抢护方案、险情抢护资料、明传电报及抢险用工用料、机械台时；了解各组抢险工作动态，汇总各小组上报情况；编写抢险工作总结及技术报告。

指挥长：副总指挥。

副指挥长：副省长。

成员：省政府副秘书长、省委组织部副部长、省河务局副局长、省河务局办公室主任。

综合指挥部工作流程见图4-13。

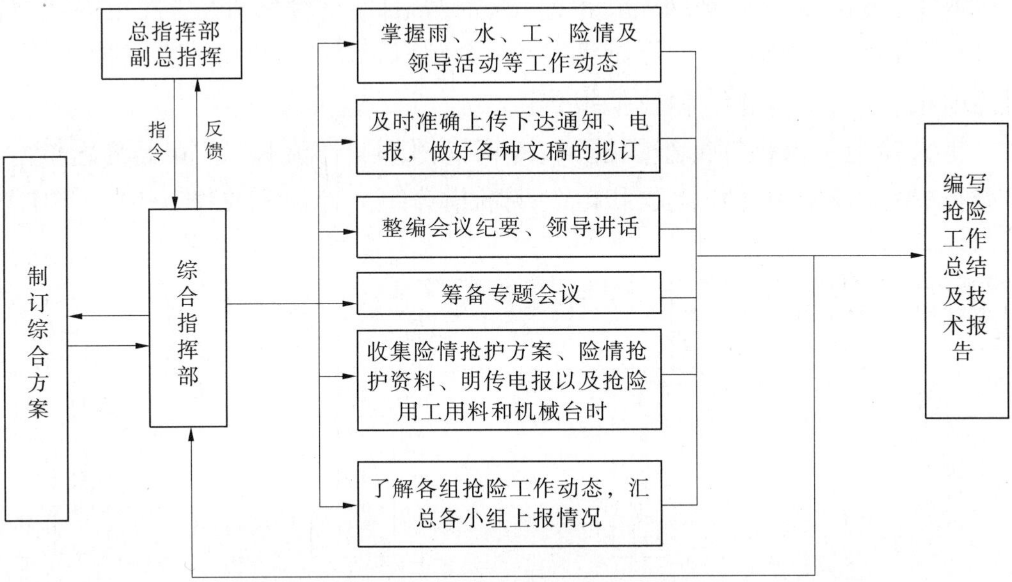

图4-13　综合指挥部工作流程

三、专家指挥部

职责：制订抢护方案，估算用工用料、机械设备数量；指导险情抢护技术，掌握险情发展变化，分析抢险实效性，预估河势变化；对险情抢护过程中存在的问题及时提出处理方案，报总指挥召集副总指挥及相关人员进行会商；编写抢险总结和技术报告。

（一）水情工情组

职责：分析水情、河势、工情，预估河势变化，掌握工程险情动态；配合技术组制订抢护方案,掌握用工、用料、机械设备数量及投资,定时到各作业面收集相关资料等;编写工作总结和技术报告。

(二)抢险技术组

职责:制订险情抢护方案,确定抢护方法;提出用工、用料、机械设备数量及相关要求;绘制出险平面及断面示意图、现场指挥调度图;巡回抢险作业面,指导抢险技术工作。对险情抢护过程中存在的问题及时组织会商,调整抢险技术方案;编写抢险工作总结和技术报告。

(三)抢险现场指挥组

职责:负责抢险现场机械化抢险队伍、专业队伍、群防队伍抢险作业的现场指挥和调度,技术指导部队抢险作业;按照抢险方案组织实施。

(四)资料组

职责:负责收集流量、水位、含沙量、河势、工情、险情等资料,抢险用工用料、机械台时,会议纪要、领导讲话、专题会议,险情抢护方案、险情抢护资料、明传电报;编写工作总结和技术报告。

重大险情专家指挥部组织框架、专家指挥部工作流程、水情工情组抢险工作流程、抢险技术组工作流程和抢险现场指挥组工作流程见图 4-14 ~ 图 4-18。

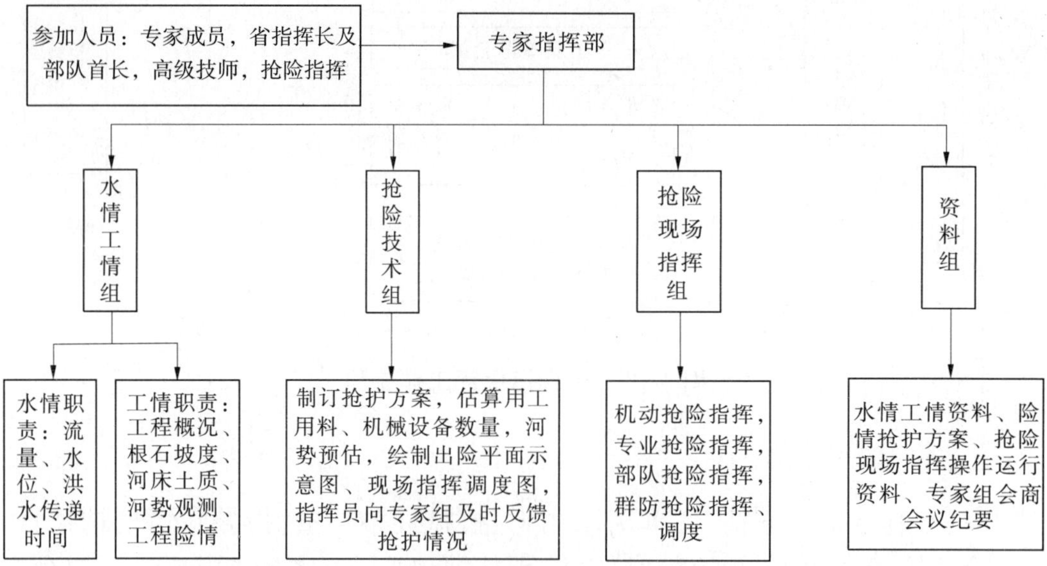

图 4-14 重大险情专家指挥部组织框架

四、物资保障指挥部

职责:负责抢险物资供应;会同后勤组选定料场,设立标志;做好社会团体和群众料物的筹集供应;调运国家储备物资,办理相关手续;做好调用异地防

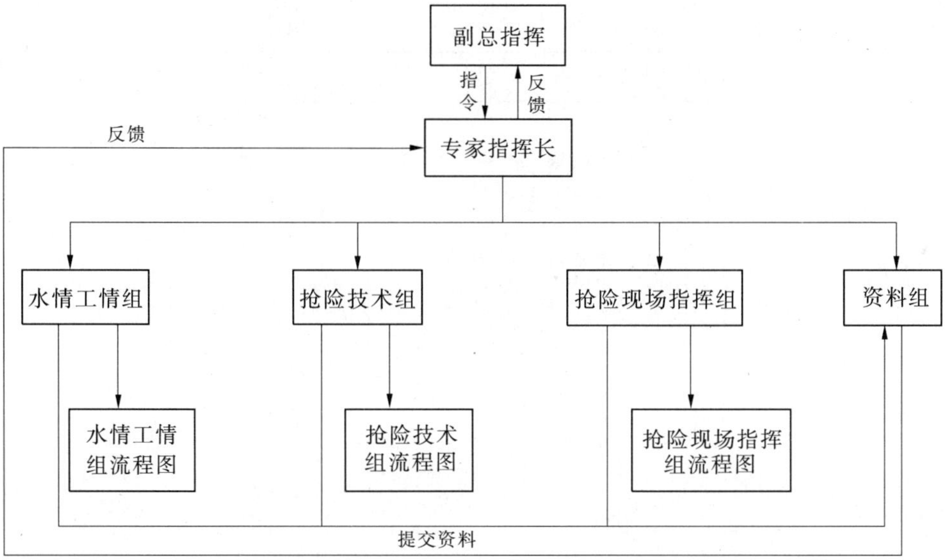

图 4-15　专家指挥部工作流程

汛储备物资相关工作；抢险结束后清理回收各种物资并办理退库手续，收集本组资料，编写工作总结。

指挥长：副总指挥。

副指挥长：省政府秘书长。

成员：省国资委主任、省商业局局长、省供销社主任、省河务局副局长、省河务局物资调配中心主任。

物资保障指挥部抢险工作流程见图 4-19。

五、后勤保障指挥部

职责：负责险情抢护的各项后勤保障工作。保障抢险现场人员食宿供应；搭建指挥部；做好抢险区域划分，设立标志；负责袖标的发放；搭建茶水站、医疗服务站、轻松服务站等；在抢险现场指挥部设置固定电话和移动图像转播车，组建抢险现场群呼对讲系统，必要时为抢险现场提供移动通信基站，保障通信畅通；保障抢险现场电力供应及照明；负责资料收集及工作总结。

指挥长：副总指挥。

副指挥长：省政府副秘书长。

成员：省河务局副局长、省电力总公司副总经理、省移动总公司副总经理、省河务局通信信息中心主任、省网通总公司副总经理。

后勤保障指挥部抢险工作流程和通信照明保障组抢险工作流程见图 4-20 和图 4-21。

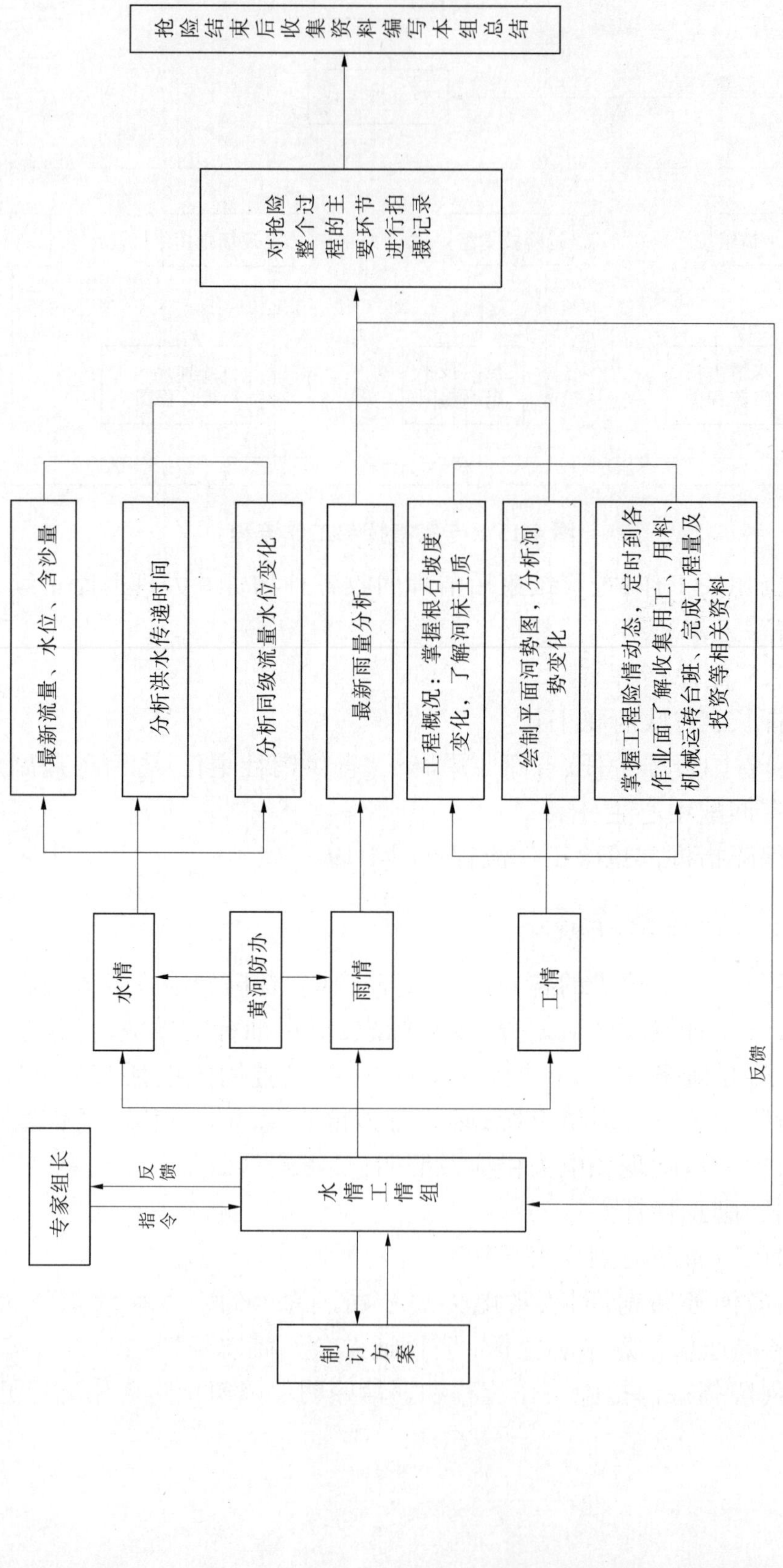

图 4-16　水情工情组抢险工作流程

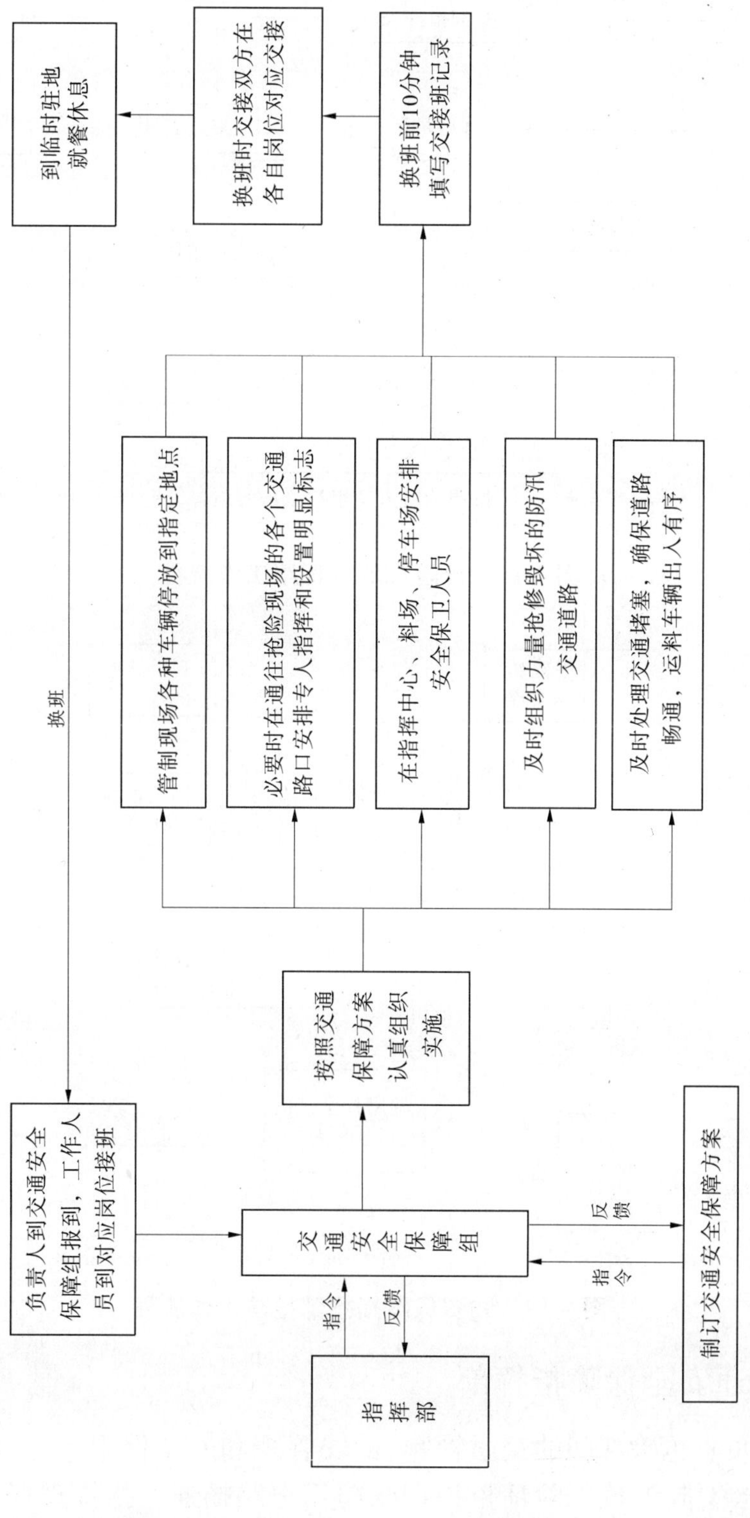

图 4-17　抢险技术组工作流程

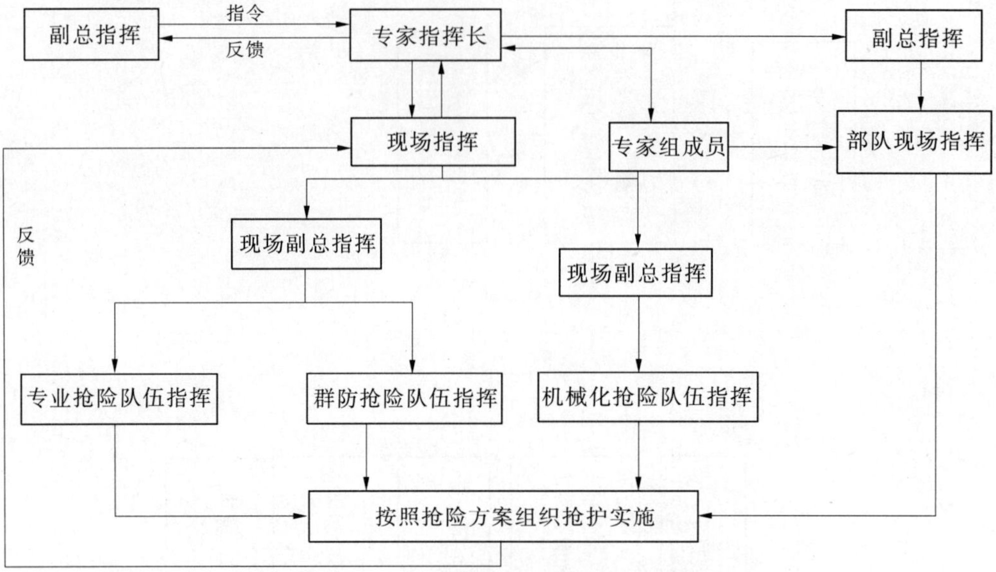

图 4-18　抢险现场指挥组工作流程

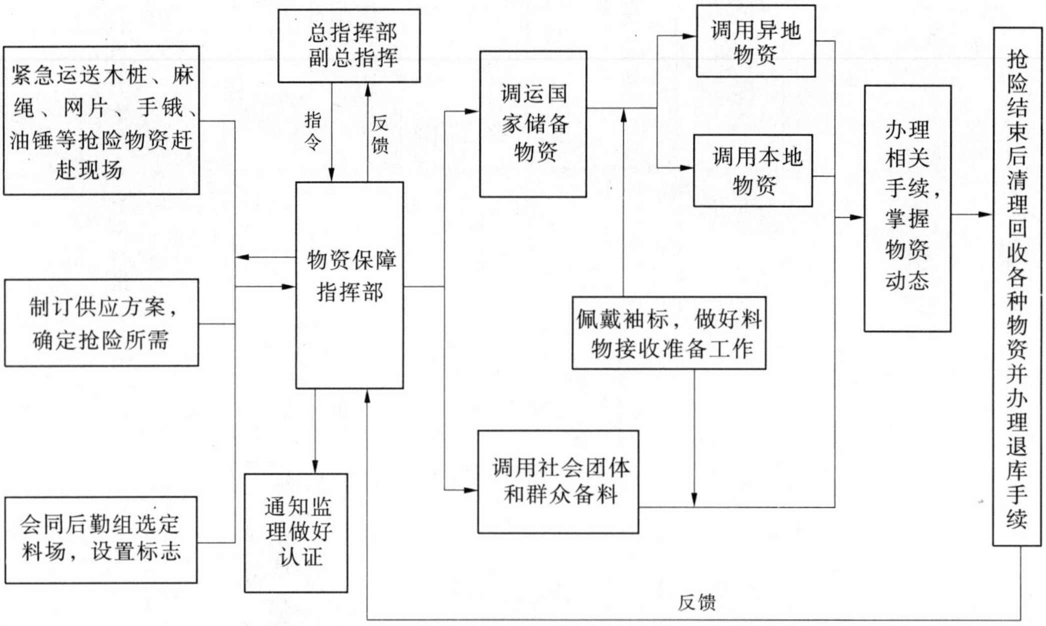

图 4-19　物资保障指挥部抢险工作流程

六、交通安全保障指挥部

职责：负责抢险期间的交通管制、治安管理和安全保卫工作，负责临时迂回道路的抢修维护，确保险情抢护期间防汛道路畅通。指挥现场各种车辆停

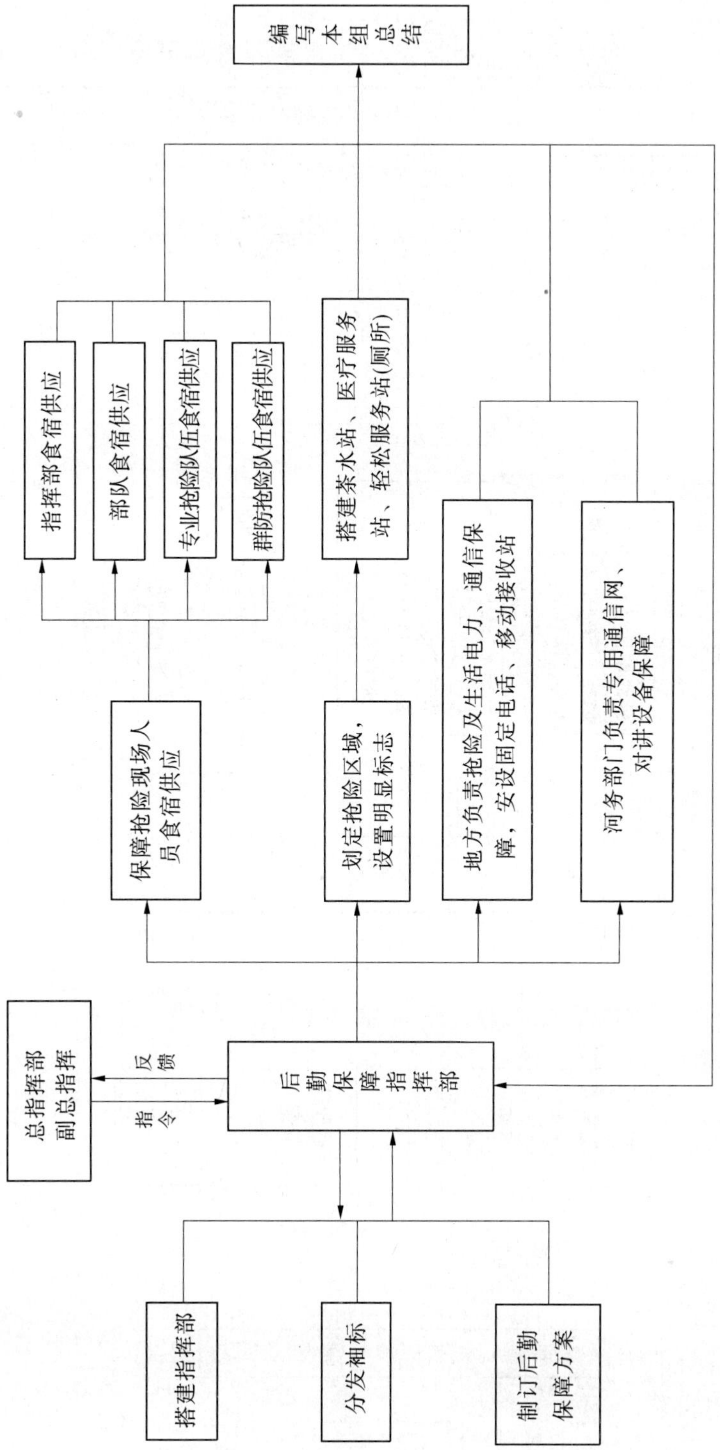

图 4-20　后勤保障指挥部抢险工作流程

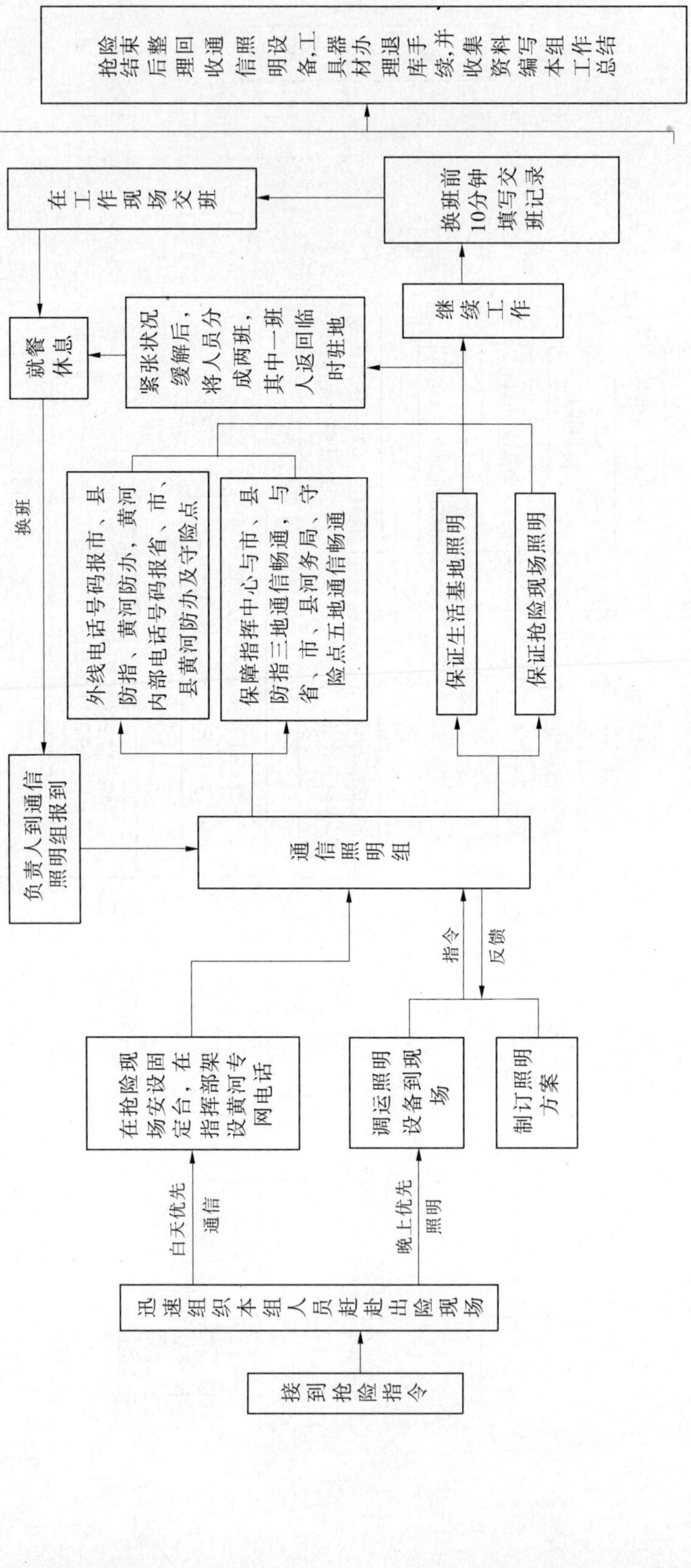

图 4-21　通信照明保障组抢险工作流程

放到指定地点，疏散抢险现场围观群众，各交通路口安排指挥人员，在抢险指挥部及抢险区域安排保卫人员。

指挥长：副总指挥。

副指挥长：省公安厅厅长。

成员：省公安厅副厅长、省交通厅副厅长、省河务局副局长。

交通安全保障指挥部抢险工作流程见图4-22。

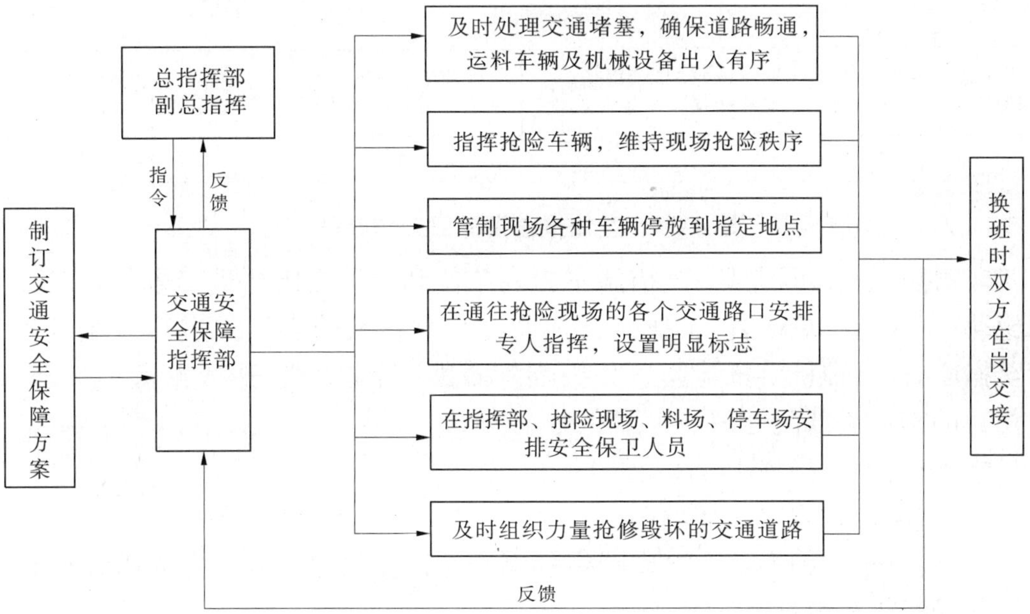

图4-22　交通安全保障指挥部抢险工作流程

七、宣传报道指挥部

职责：新闻宣传部门利用报刊、广播、电视等新闻媒体进行防汛宣传动员，制订宣传报道方案，根据险情动态实时报道，对抗洪抢险紧迫性、重要性及时面向社会进行宣传报道；传播抗洪抢险阵地，宣传先进事迹，激发抗洪抢险参战队伍斗志，发扬抗洪精神，确保抢险胜利。

指挥长：副总指挥。

副指挥长：省宣传部副部长。

成员：省新闻中心主任、新华社分社社长、省广播电视厅厅长、省政府新闻处处长、省河务局办公室主任。

宣传报道指挥部工作流程见图4-23。

八、督察指挥部

职责：对参加抗洪抢险的各级行政领导、责任单位和个人的责任进行督察

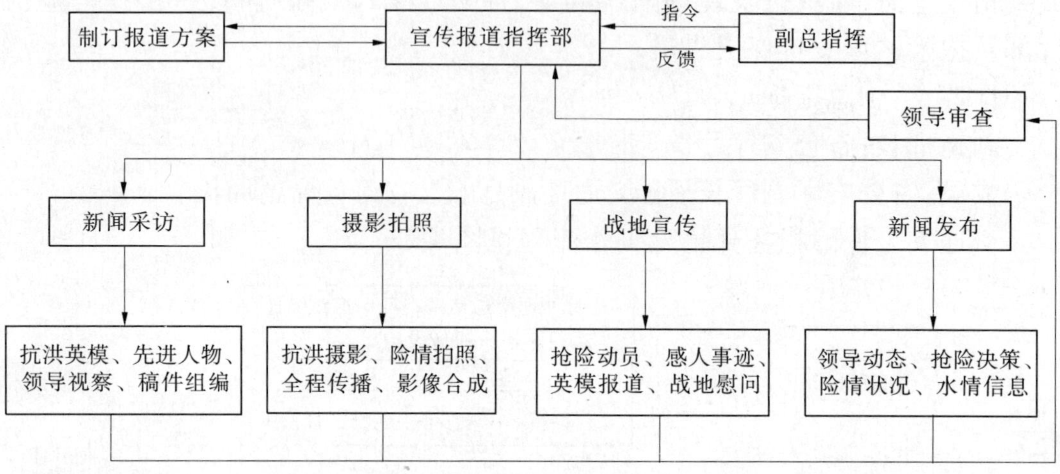

图 4-23　宣传报道指挥部工作流程

落实。对防汛抢险玩忽职守、措施不力的单位和个人提出严重警告;对违反防汛纪律,不履行岗位职责,不执行指挥调度命令行为的责任人进行现场处理,直至撤职查办;在抗洪抢险紧急关头临阵脱逃、贻误战机、造成重大损失和重大伤亡的交司法部门处理。

指挥长:副总指挥。

副指挥长:省委组织部部长。

成员:省纪委副书记、省政府副秘书长、省监察厅厅长、省人事厅厅长、省河务局纪检组组长。

督察指挥部抢险现场工作流程见图 4-24。

九、抢险队伍

职责:按照制订的抢护方案和分工,对抢险队伍进行科学组织、指挥、调度,完成承担的抢险任务。

人员组成:专业抢险队、亦工亦农抢险队、机械化抢险队、群防抢险队。

抢险队伍工作流程和抢险队伍现场指挥流程见图 4-9 和图 4-10。各类抢险队伍的职责及作业流程如下。

(一)专业抢险队

职责:了解出险情况,采取应急抢护措施,把抢险现场划分成若干个作业面;会同群防队伍负责人带领队员到作业面,并佩戴袖标;向群防队伍介绍方法并讲解安全注意事项,对人员进行分工、分班;抢护过程中专业队员要指导、示范操作过程,时刻提醒安全操作注意事项;估算用料数量,到物资供应站领取所需料物;抢险结束后清理现场,回收剩余料物,办理退库手续,编写本组工

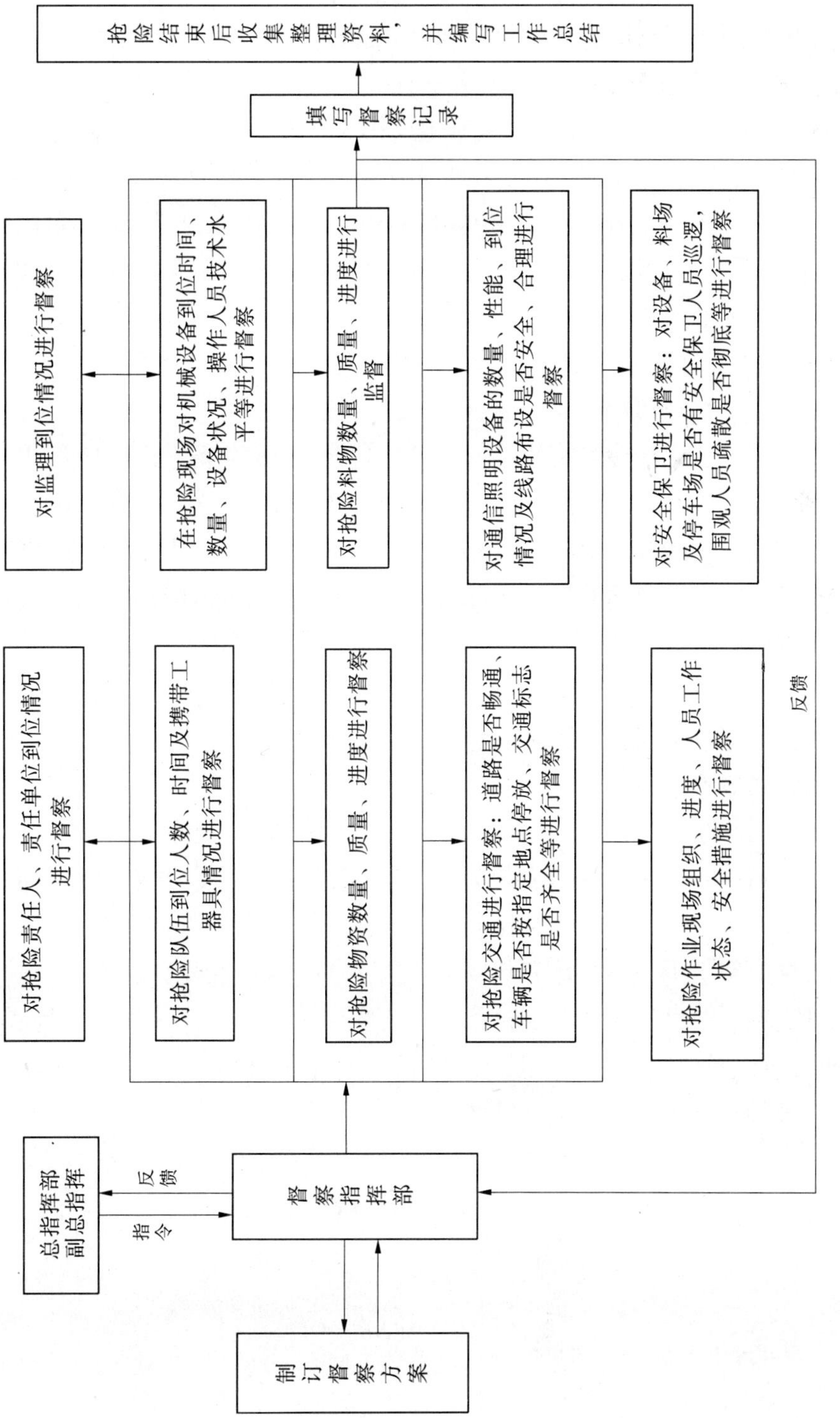

图 4-24　督察指挥部抢险现场工作流程

作总结。

人员组成:河务局专业抢险队队员若干名。

专业抢险队抢险作业流程见图 4-25。

(二)亦工亦农抢险队

职责:接到抢险指令,携带工具、雨具等迅速赶赴指定地点,按照后勤组、物资组、通信照明组对应职能组及所需人员要求开始工作;完成任务后,由各职能组负责人到抢护组报到,接受新的任务,迅速进入各自作业面进行险情抢护;抢险结束后配合各职能组清理现场,整修工程外貌,编写工作总结。

人员组成:亦工亦农抢险队队员。

亦工亦农抢险队抢险作业流程见图 4-26。

(三)机械化抢险队

职责:按照抢险指令组织队伍、车辆、各种机械设备、工器具等迅速赶赴出险地点;成立调度指挥小组、机械指挥小组、技术指挥小组,依据抢护方案,分别负责机械及人员调度、机械到位及抢护方案的执行情况;及时反馈抢护方案的可行性,提出意见及建议;统计抢护工程量、机械台时、用工用料;收集技术资料、编写技术总结。

人员设备组成:黄河机动抢险队、社会机械设备、群众机械设备。

机械化抢险队抢险作业流程见图 4-27。

(四)群防队伍

职责:根据防汛指令组织队伍,携带工器具、设备赶赴出险地点,到出险现场指定地点待命,负责人到指挥部报到,佩戴袖标,领受任务;会同河务部门技术指导将队伍分工后带至抢险作业现场投入战斗;根据指令组织运送梢料或其他防汛物资到出险地点指定料场位置,办理验收手续并卸料;抢险结束后,收集整理资料,并编写工作总结。

人员组成:乡(镇)村、防汛责任单位、武装部(民兵)。

群防抢险队抢险作业流程见图 4-28。

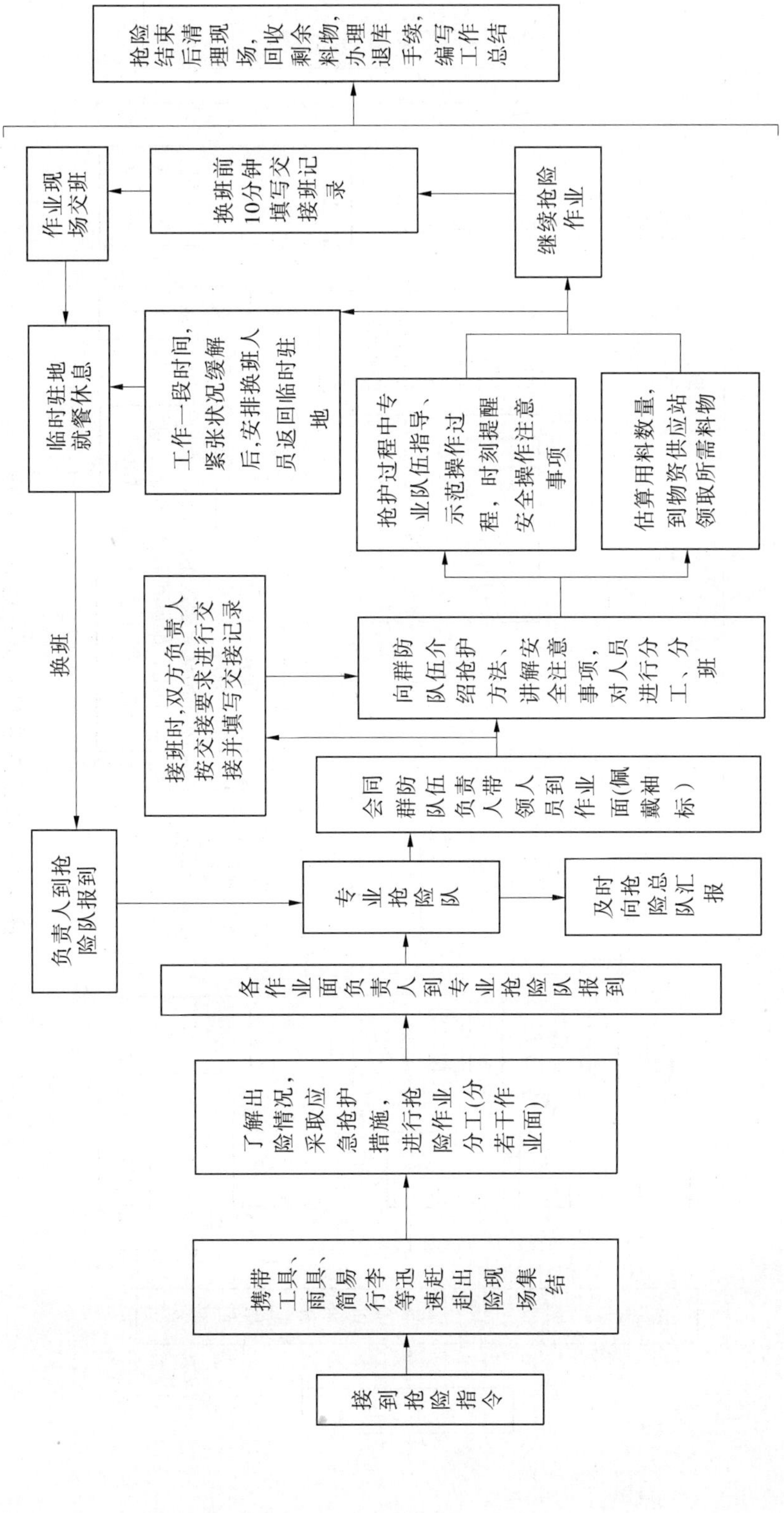

图 4-25　专业抢险队抢险作业流程

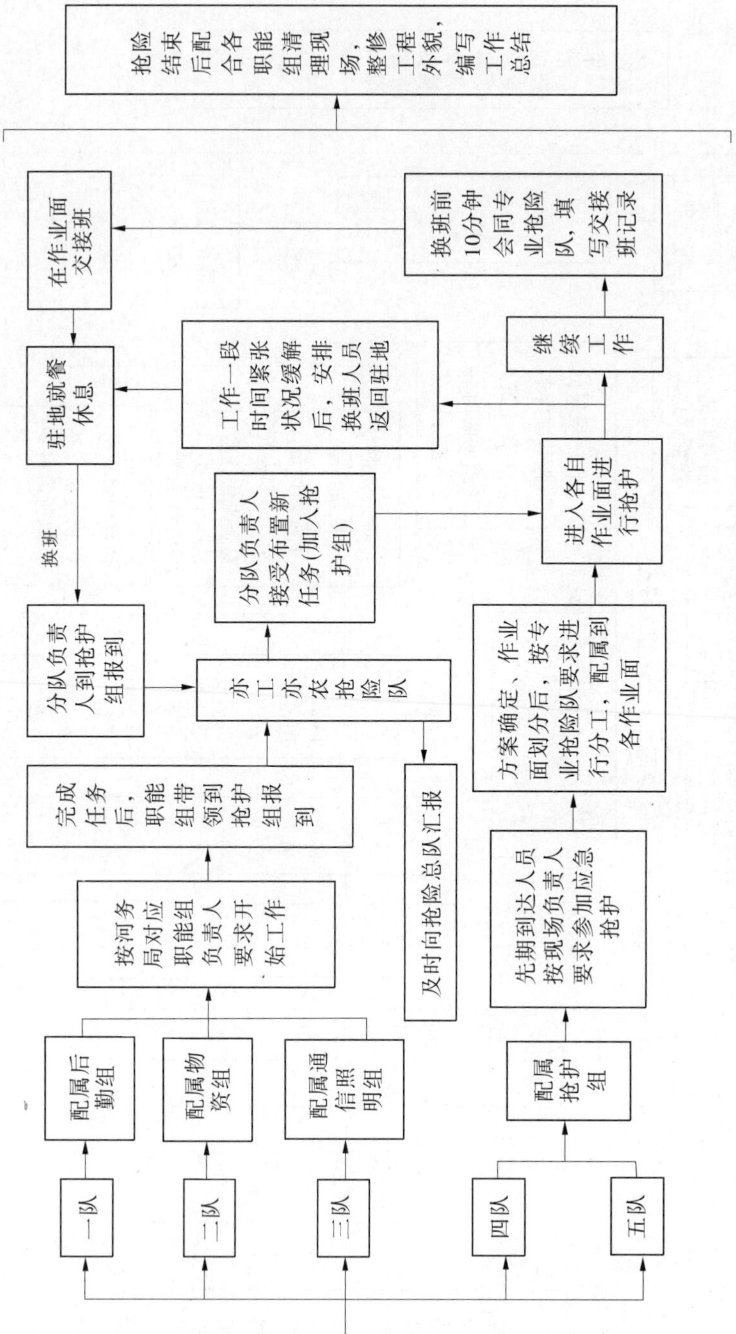

图 4-26 赤工赤农抢险队抢险作业流程

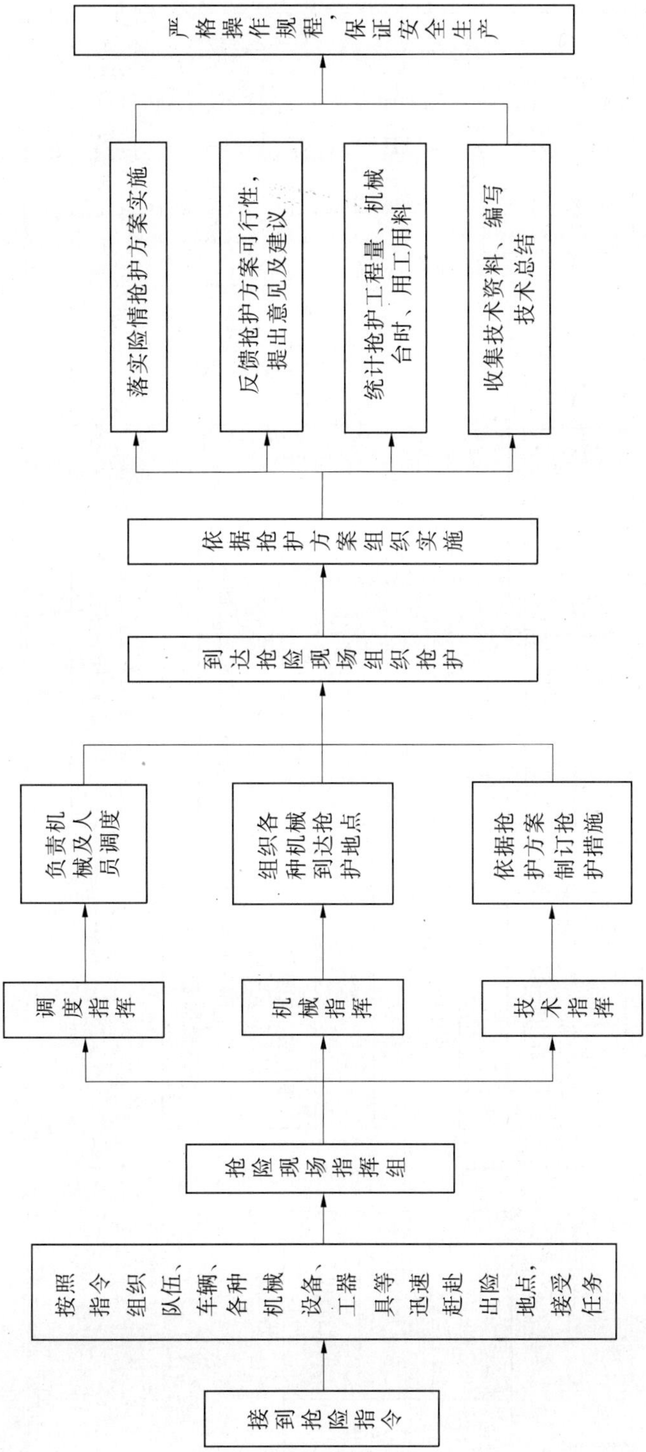

图 4-27　机械化抢险队抢险作业流程

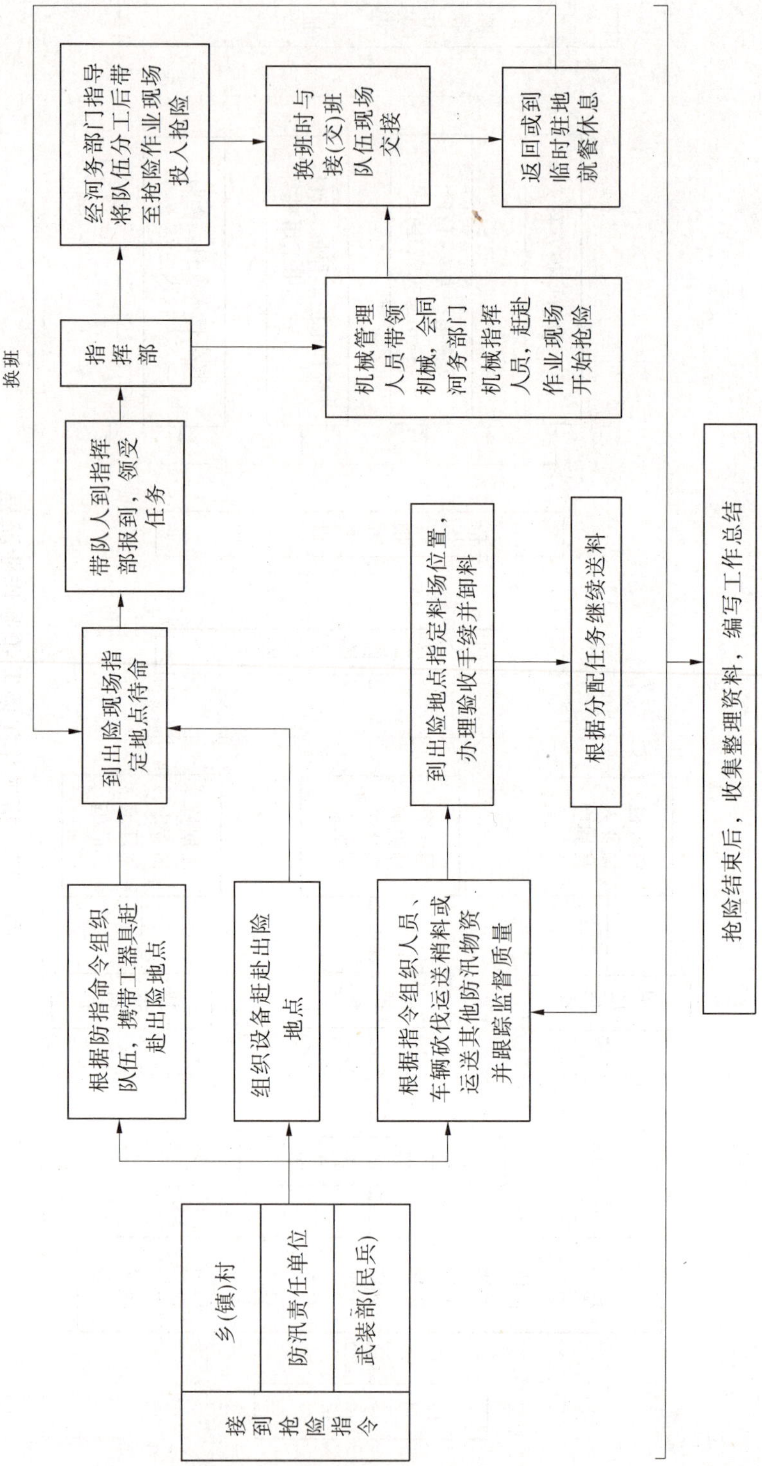

图4-28 群防抢险作业流程

中篇　大型机械抢险技术

河南黄河河务局自20世纪90年代末组建机械化专业机动抢险队伍后，在10余年的抗洪抢险及工程建设实践中，紧密结合黄河险情特性，不断探索大型机械抢险、水中筑坝技术，研制了软料叉车、六角钢网编织机、挖掘机辅爪、铅丝石笼封口机等抢险新机具，创造了大型机械装抛大体积铅丝石笼技术、机械抢护柳石混杂和层柳层石技术、厢枕制作技术、机械筑埽技术以及柳石搂厢机械化进占技术，使现代大型机械与传统黄河埽工得以完美结合，创造了以机械抢险为主的抢险新格局，取得了巨大的社会效益和经济效益。

河南黄河河务局始终坚持做好防汛抢险技术的研究和创新工作，在大型机械抢险技术方面取得了一个又一个突破，这些技术在抢险实践中得到了广泛应用，并在河南黄河防洪工程抢险和抢修中全面推广。2005年调水调沙期间原阳马庄潜坝冲断95 m，封丘顺河街潜坝冲断200 m，两处工程同时出现重大险情；同年汛后开封王庵工程出现畸型河势，造成工程背河侧430 m联坝抢大险。河南黄河河务局没有动用大批民工参加抢险，仅用少量的亦工亦农抢险队作辅助，全部采用大型机械作业，叉车运柳、机械化做埽、机械化装抛石笼、封口机封口等一系列机械抢险新技术，密切配合各个抢险环节，大幅度提高了抢险速度；分解扩大机械化作业场面，解决了场地狭小的问题；大体积抛投提高了抢险强度、减少了料物损失；加强人机配合，充分发挥了大型机械作用，全面提高了抢险效率，解决了传统抢险人海战术问题和应急水中埽工筑坝速度慢的难题，使广大沿黄群众从高强度抢险中解脱出来，不再为抢险所累，充分体现了“科学发展观”和“以人为本”的思想理念，更好地促进了健康和谐社会的发展。

实践证明，软料叉车250 m运送距离的运料速度相当于400个人工的工作量；铅丝石笼封口机较人工封口效率提高30倍；机械装抛铅丝石笼速度是人工装抛铅丝石笼的50倍以上；柳石混杂机械抢险的速度可达到200名工人做埽速度的2倍；层柳层石机械抢险与350名工人做埽速度相当；15名工人与3台自卸汽车、1台挖掘机配合，运用厢枕和搂厢机械化进占的效率可超过600名工人传统进占的效率；8名工人与3台自卸汽车、1台挖掘机配合，利用土工包进占,速度是 180 名工人进占速度的 2 倍。

大型机械抢险技术 2006 年获得大禹水利科学技术奖三等奖,其配套设备分别获得了黄委会和河南黄河河务局科技进步奖和创新成果奖。

第五章　黄河历史洪水灾害与抗洪抢险

黄河是世界上闻名的多沙河流，善淤善徙，它既是我国华北大平原的塑造者，同时也给该地区人民造成了巨大灾害。以孟津为顶点北到津沽、南至江淮约25万km^2的广大地区，均有黄河洪水泛滥的痕迹。黄河孕育了中华文明，同时也是“中国之忧患”。

早在春秋战国时期，我国的史籍就有了黄河下游决溢泛滥的记载。西汉以后，黄河下游普遍修筑堤防，形成地上河，决溢次数日渐增多。

第一节　历史上抗洪抢险的主要措施和手段

历史上黄河给人们造成了沉重的灾难，为了抗御洪水，历代统治者都极为重视黄河的治理，历代英勇的中国人民面对黄河洪水泛滥，在过去生产力极不发达的情况下，全部依靠人力和落后的生产工具与洪水搏斗。人民治黄以前，受技术水平的限制，抗洪抢险主要物料为柳秸、草料、土、砖、桩、竹缆、麻绳等，料物运送多采用手提肩挑和畜力车等。只有在清末民初时，才有国外的打桩机、抽水机等当时先进的机械设备参与到抗洪抢险中。抗洪抢险技术也随着社会的发展而逐步发展。

一、宋代以前

在远古蒙昧时期，人们对土地和资源的利用很少，一般只能进行采摘和渔猎活动，这种游荡的生活毫无牵挂，洪水一来，便择丘陵而处之。到了神农时期，黄河流域氏族部落已进入以农业为主的综合阶段，开始沿河定居，河流在提供水源的同时也带来了水患，人们必须想尽办法同洪水斗争。抵御洪水的办法就是修筑简单的土埂来保护农田，因为没有大堤，所以谈不上抢险。

随着人口的增加和社会生产力的发展，人类对土地和资源的需求逐渐加大，稳定下游流路、约束黄河洪水成为当时人们的强烈愿望。

西周时期已经出现了防御洪水的堤防。到了战国时期，黄河下游河道的堤防已经具有相当的规模，当时人们筑堤修堤的方法略有记载：树以荆棘，以固其地，杂之以柏杨，已备决水。

西汉以后,有记载的典籍渐多,对防洪抢险的描述也就愈加详细,防洪抢险也出现了管理、运筹、决策等初步概念。

西汉年间描述详细的有两次大的堵口:瓠子堵口和东郡河堵口,从中可粗略地看出当时的抢险手段。

瓠子堵口中,用大竹或巨石,沿着决口的横向插入河底为桩,由疏到密,先使口门的水势减缓,再用草料填塞其中,最后压土压石。

东郡堵口采用竹和石头做成大小合适的石笼,先自口门两端分别向中间进堵,待口门缩窄至一定宽度,用船将竹石笼沉下,然后加土使决口塞合。秦时李冰也应用这种竹笼作堰,进行都江堰修建过程中的堵口分水工作。

二、宋代至民国时期

由于和黄河作斗争的实践经验比较丰富,宋代的河工技术有了长足的进步。这一时期出现了埽工技术。所谓"埽",就是以竹木为框架,填树枝、石子、泥土于其中,做成柱形,用以堵水。草埽则用柳条编为框架。埽既能护堤抢险,又能用于堵口,北宋时期已经普遍采用了埽工护岸。

埽的做法,一般是先选择一处宽平的堤面作为埽场,沿地面密布草绳,上面铺一层梢枝和芦荻一类的软料,压土一层,掺以碎石,再将大竹绳贯穿其间,称为"心索"。然后卷而捆之,并以较大的苇绳拴住两头,推下之后,一方面将竹心索系于堤岸的柱橛上,另一方面自上而下在埽上打进长桩,直通地下,把埽固定起来,遇到大溜冲刷、埽体下蛰时,还可于原埽上加埽。后又改进使用方法,逐层加高,埽体可随黄河河底的冲刷而自由下沉,不致使埽体架空。

宋代也出现了架设浮桥配合埽工堵口的技术。堵口前,先在口门两侧坝头立标杆,架设浮桥,以便河工通行,并通过浮桥的架设减缓流势;在口门上端下撒星桩(多桩),抛树石,进一步缓和流速;于两岸分别进三道草埽、两道土柜,并于中心抛席袋土包,待进至合龙时,大量抛下土袋、土包,并鸣锣击鼓以助声势。闭河后,再用胶土填塞,堵口即告完成。

元、明代还发展了沉舟配合下埽堵口堵漏的方法。堵复决口时,水流湍急,埽不能下,堤不能支,则以沉舟为坝堵复决口,并在船堤之上加草埽,巩固口门堤坝。

清代埽工技术得到了充分发展。除卷埽普遍应用外,还发明了兜缆软厢埽,对临时性的抢险及堵口截流很有效,比卷埽灵便省工,是一大改进。清代抢险、堵口所修埽工,按埽的形状和作用,可分为磨盘埽、月牙埽、鱼鳞埽、雁翅埽、扇面埽、耳子埽、萝卜埽、接口埽、门帘埽等类型。

清代中期后，堵口工程均由卷埽改为顺厢进堵，堵口根据口门的情况选用单坝或双坝。

清末民初，中国政府派出了不少留学生到外国学习先进的水利技术，使近代的治河、抢险技术有了一定程度的提升。

第二节　人民治黄以来的洪水灾害及抗洪抢险

1946 年，中国共产党领导的人民治黄事业，在冀鲁豫解放区和山东渤海解放区拉开了序幕。在解放战争的炮火硝烟中，解放区人民群众和黄河员工，一手拿枪，一手拿锹，艰苦创业，浴血奋战，经历了 1948 年高村抢险，1949 年、1958 年、1982 年大洪水等艰苦卓绝的重大防洪斗争，完成了黄河回归故道后堤防不决口的艰巨任务。

1946 年 5 月，为粉碎国民党政府以黄河归故为名分割和淹没解放区的阴谋，保护人民生命财产安全，在中国共产党的领导下，当时的山东省渤海区党委成立了修治黄河工程总指挥部，开始了人民治理黄河的新纪元，至今已 60 余年。历史上洪水泛滥、灾害频繁的黄河，被称为“中国之忧患”，“三年两决口，百年一改道”是黄河下游的真实写照。新中国成立后，党和政府一直把黄河治理作为安民兴邦的大事，古老的黄河迎来了治理开发的春天；60 多年来，依靠“上拦下排、两岸分滞”的防洪工程体系和广大治黄职工及沿岸军民的严密防守，创造了黄河伏秋大汛岁岁安澜的历史奇迹，扭转了历史上黄河频繁决口改道的险恶局面。

一、人民治黄以来的洪水灾害

（一）1949 年洪水

1949 年 9 月，黄河秋汛，陕西境内普降大雨，14 日陕县（今三门峡）水文站出现了12 300 m^3/s 的大洪水，下游堤防岌岌可危。平原省[1]、山东省党政军民号召 40 万人上堤，在半个月的时间内堵漏 431 个，成功战胜了洪水。

（二）1958 年洪水

1958 年黄河中下游特大洪水，黄河三花区间干流和支流伊、洛、沁河洪水遭遇，干流花园口实测洪峰流量 22 300 m^3/s，是黄河有实测资料以来最大的一次洪水。这次洪水对黄河下游威胁很大，横穿黄河的京广铁路桥交通中断

[1] 旧省名。1949 年 8 月 20 日，平原省正式成立。1952 年 11 月 15 日平原省建制撤销，将新乡、安阳、濮阳 3 专区划归河南省，将荷泽、聊城、湖西（旧地名）3 专区划归山东省。

14 天。黄河滩区和东平湖区受淹村庄 1 708 个,淹没耕地 20 万公顷,倒房 30 万间。这场洪水峰高量大,来势凶猛,在河南、山东两省 200 万防汛大军防守下,确保了黄河下游的防洪安全。

(三)1982 年洪水

1982 年 8 月,黄河三门峡至花园口区间发生洪水,花园口站洪峰流量 15 300 m^3/s,是黄河有实测记录以来的第二大洪水。下游滩区除原阳、中牟、开封三处部分高滩外,其余全部被淹,共淹没滩区村庄 1 303 个,耕地 217.44 万亩(1 亩 =1/15 公顷),倒塌房屋 40.08 万间,受灾人口 93.27 万人。

(四)1996 年洪水

1996 年 8 月,黄河花园口发生流量为 7 860 m^3/s 的洪峰。洪水虽然从流量上看属于中常洪水,但是表现为洪水位高,演进速度慢,漫滩范围广,偎水堤段长,工程险情多,滩区灾情重。

"96·8"洪水造成河南、山东两省黄河滩区几乎全部进水,甚至 1855 年(清咸丰五年)铜瓦厢决口改道后溯源冲刷形成的原阳、封丘、开封等高滩也大面积上水。共淹没滩区面积 370 余万亩,滩区平均水深 1.6 m。在洪水推进过程中,两岸大堤之间一片汪洋。洪水共淹没耕地 301 万亩,两省 50 个县市 212 个乡镇 2 898 个村庄 241.2 万人(含堤外)受灾,倒塌房屋 22.65 万间,直接经济损失 64.6 亿多元,其灾害严重程度超过了 1958 年、1982 年。漫滩范围之广,滩区受灾之严重,为人民治理黄河以来所仅见。

由于大量堤段偎水,这次洪水还造成多处工程出险。临黄大堤偎水长度达 952 km,占总长的 70%,偎水深度一般为 2~4 m,最深处达 6 m。洪水期间,堤防共出现各类险情 170 处,有 15 处涵闸、虹吸出现裂缝和漏水,河道整治工程有 331 处 2 960 道坝次出险,加固 5 279 坝次,有 127 处 1 346 道坝漫顶。抢险耗用石料共计 65.82 万 m^3,创历史最高。其中,仅台前韩胡同一处控导工程抢险,就耗用石料 8 040 m^3。

二、抗洪抢险

通过 1958 年、1982 年、1996 年等大洪水及 1983 年北围堤抢险等几次重大险情的考验,党和国家给予高度重视,将黄河治理作为安邦兴国的大计,并做出了一系列重大决策,明确了前进方向,可以说党中央的坚强领导,各级党委、政府的得力指挥是取得抗洪抢险胜利的关键。

另外,众志成城,军民携手团结抗洪,各方面的大力支援,要人有人、要料有料,是抗洪抢险取得胜利的基础。

在抗洪抢险措施方面，改革开放以前，依然沿用传统的抢险技术，以厢埽为主要抢险堵口措施，料物还是以柳秸料、土石料、麻料为主，偶尔用铅丝代替麻料，砖、坯料代替石料，料物运送采取手提肩挑和胶轮车。由于科技发展的限制，抢险机械在抢险中的运用无大的突破。

人民治黄以来经历了武陟北围堤工程抢险、花园口枢纽工程堵口及开封黑岗口险工抢险、大玉兰控导工程抢险等一系列抢险堵口的考验，其中最著名的是武陟北围堤工程抢险、花园口水利枢纽工程截流，现介绍如下。

(一)武陟北围堤抢险

北围堤位于郑州花园口对岸，郑州京广铁路大桥附近，归武陟第一黄河河务局管辖。该工程始建于1960年，原是花园口枢纽工程围堤。花园口枢纽工程废除后，鉴于北围堤对控制黄河下游河势的重要地位和作用，按规划成为河南黄河河段一处重要的河势控导工程。1983年8月，因该段河势陡变，主流北移，河岸坍塌，造成了新中国成立以来黄河上罕见的大险。

1983年8月2日22时，黄河出现了入汛以来的第二次洪峰，花园口站流量8 370 m^3/s。尽管洪峰流量不大，但因河水流量持续时间长，水流冲刷力大，花园口以上受主溜顶冲，在南岸桃花峪坐湾，加之河心生滩，迫使主流北滚，老滩坍塌。至9日，原有宽200~1 500余m的滩面，大面积坍塌后，主流距北围堤堤脚最近处仅剩12 m，直接威胁工程安全。

河南黄河河务局、新乡黄河修防处(现新乡黄河河务局)组织人员实地查勘后，当即决定采用“临堤下埽，以垛护堤”的办法进行紧急抢护。8月10日，由500余名工程队员和民工组成的抢险队迅疾开赴北围堤，大批物料也随即组织抢运至现场，抢修柳石垛。但因边溜淘刷严重，险情扩展，进一步转变为大溜顶冲，并逐步上提。从8月20日起，险情进一步恶化，大溜顶冲段最长时达450余m，严重时有20 m长堤顶塌入河中，仅留背河残坡。至9月14日，大河流量减小为2 400 m^3/s，河势发生有利的变化。郑州京广铁路大桥上端主流南靠，北围堤抢险段以南夹滩滩尖被水流冲刷后退，河槽展宽，河势平顺，险情才得以缓解，工程抢护也暂告一段落。

10月7日，黄河花园口出现6 900 m^3/s的洪峰。两天后，大河流量回落至5 800 m^3/s，受河心滩挑溜影响，河势迅速上提，北围堤再次出险。至17日，大河流量为5 100 m^3/s时，溜走中泓，险情才又趋稳定，整个抢险过程一直延续至10月底。

10月中旬，险情尽管有所反复，但已属强弩之末。随着河势的变化，至霜降险情终趋稳定。至此，长达53天的北围堤抢险胜利结束。

北围堤抢险共用柳秸料1 500万kg、石料3万m^3,日最高送柳秸料80万kg。这样大规模的用料,以及大规模的抢险队伍,在旧社会是无法保证的,只有在新中国、在党的统一领导下才能实现。也正是有了中央和各级领导的高度重视,才取得了北围堤抢险的重大胜利。

(二)花园口水利枢纽工程截流

花园口水利枢纽工程(又名岗李水利枢纽工程),是"大跃进"时期在黄河下游干流上兴建的一座一级拦河壅水工程。它位于京广铁路黄河大桥下游约8 km处,南岸为郑州市郊岗李村,北岸为武陟、原阳两县交界。1959年11月工程完成初步设计并获批准,同年12月即开工兴建。1960年6月投入运行。不久,因泄洪闸消能设施被冲毁而关闸停用。1963年7月,从黄河下游防洪安全角度考虑,拦河大坝被破除。至此,花园口水利枢纽工程完全报废。在多年后的今天,反观这一工程的兴建与废除,其可谓是在错误的时间、错误的地点和错误的思想指导下,修建的一项失败工程。

尽管花园口水利枢纽工程以失败而告终,但其在干流上截流成功的经验是值得借鉴和肯定的。工程截流采用黄河上传统的立堵法,并无先进的大型机械参与其中,但凭借中共中央的统一领导,指挥得当、万众一心、充足的料物和人力,保证了干流工程截流的成功。

三、国力强盛促使新的抢险技术发展

随着我国社会经济的发展,综合国力不断壮大,国家在黄河上配备了机械化机动抢险队,同时社会在发展、科学在进步,广大农村已实现机械化耕作,所以黄河防汛抢险必须跟上时代的步伐,研究机械化抢险技术意义重大。

(一)大型机械设备配置为机械化抢险技术应用研究提供了基础

从1997年开始,黄河下游各机动抢险队运用国家专项资金陆续配备了国内外较为先进的大型抢险设备(装载机、挖掘机、自卸汽车和推土机等),为黄河抢险机械化增添了活力。为适应黄河抢险特点,2000年针对大型设备与传统抢险技术配合,实现了机械化装抛铅丝笼、装抛柳石枕、运柳和筑埽等,开展了大型机械在黄河防洪中的抢险应用研究。研究课题以现有的机械设备为基础,开发研制必要的配套设备;立足于抢险现场实际需要,研究机械化作业的具体方式和方法;继承成功的传统抢险技术,创造新的、成套的机械化作业方式。

(二)传统抢险已不能适应当今经济社会发展的需要

黄河堤防、河道整治工程抢险在21世纪之前一直沿用传统的柳石结构工程施工技术。出现的险情主要有堤防滑坡、坍塌,险工和控导工程坝垛根石走失、坦石下蛰,坝体墩蛰等类型,所用抢险料物主要是土料、石料、柳秸秆软料,辅助料物有铅丝、麻绳、木桩、袋类、土工织物等,主要采取的抢护方法有抛散石、抛铅丝笼、推枕、搂厢、土方维护、挂柳落淤、土工布护底护坡防冲等。这些方法全部靠人工作业,一般险情需要上百名抢险队员,重大险情则必须依靠成千上万的人。一般险情抢险时间为10~15天,重大险情需要抢险时间可长达1~2个月,个别甚至更长。以1983年武陟北围堤抢险为例,动员军民6 000余人,抢险历时53天,最终抢修工程长度达1 772 m,完成裹护体积11.4万m^3,其中消耗柳秸料1 500万kg、石料3万m^3、铅丝44 t、麻料333 t。在连续50多天的抢险中,一线军民的环境条件极其艰苦,料物运输也极为困难,但是无论条件多么恶劣,广大人民群众还是从几十里,甚至百里以外的地方源源不断地运送料物,确保了抢险的需要。这种采用人海战术应对洪水的抢险局面一直持续到20世纪末。

随着经济社会的不断进步,黄河的防洪与建设必须跟上社会发展的步伐,逐步实现机械化。根据“以人为本”的人性化社会要求,不能再让广大军民在狂风暴雨下冒着生命危险去从事粗糙的、高强度的抢险操作,机械化抢险技术的研究与开发是时代发展的必然要求。

(三)为适应黄河防洪形势发展,亟需研究机械化抢险技术

黄河下游修建了大量河道整治工程,这些工程对保证黄河防洪安全和滩区人民的安居乐业起到了重要的作用,但工程多了,出险几率也随之增大,给防汛抢险增加了极大压力。新增河道整治工程基础浅,需要利用大溜顶冲坝垛出险的机会,通过抢险加深基础。小浪底水库清水下泄时期,下游河道河势容易坐湾,必然使横河、斜河出现几率增多,重大险情出险几率增加。2003年秋汛,仅黄河河南段出现的重大险情就有13处,是前20年重大险情的总和。传统的、依靠人海战术抢险方式已远远满足不了黄河防汛抢险的需要,而且随着改革开放和市场经济的发展,沿黄乡村青壮年劳力外出打工现象普遍增多,能够直接参加抢险的人力资源相当匮乏。一旦出现重大险情,只有调动大量解放军战士参加抢险,才能确保工程安全。因此,研究应用机械化抢险技术是适应黄河防洪形势发展的需要。

第六章　抢险辅助设备研制

防汛抢险是一项高强度的劳动，常常需要付出大量的人力、物力，因此使抢险既及时高效又节省劳动力，就成了人们努力研究的方向。防汛抢险机具与设备是防汛抢险取得成功的物质条件之一，抢险工具设备完善且易于操作，才能使抢险达到事半功倍的效果。近年来，备受人们关注的新型抢险设备对高效、快速抢险起到了巨大的推动作用，达到了提高效率、节省投资、减轻劳动强度的目的。

第一节　软料叉车的改装与研制

一、软料叉车的研制过程

（一）初始软料叉车

2000 年，巩义黄河河务局在续建神堤控导工程 24、27、28 号坝施工时恰逢雨季，施工道路难以通行，料物运送十分困难，特别是软料的运送能力不足，严重影响了水中进占施工速度，甚至导致工程施工一度陷于停顿状态。为此，该河务局王相武提出改造装载机铲斗、安装叉齿的措施，实现机械化运送软料，保证了工程施工进度，第一次完成了简易软料叉车的研制与应用。

软料叉车的具体做法为：在装载机铲斗底面中后位置钻 3 个距离相等的圆孔，将每两根长 2 m 的槽钢对焊在一起作为一根叉齿，共加工 3 组叉齿，在每根叉齿的后端钻 3 个直径 30 mm 的圆孔，加工 3 个套环焊接在每个槽钢的中间，并将其套在铲斗的铲齿上，用 3 个螺栓将槽钢固定在事先钻好的圆孔上（见图 6-1、图 6-2），3 组槽钢起到了延长装载机铲齿的作用，铲运软料一次可达 1 000 多 kg，铲卸料物迅速（见图 6-3）。当需要使用装载机调运石料、土方时，卸下固定螺栓，将槽钢去掉即可。拆装非常方便，并且不受雨雪天气路况不好的影响。

使用软料叉车后，软料进埽效率大大提高，由原来一道坝一个工作日需要 100 人供应软料进埽，到只需一台加长叉齿的装载机，就能够轻松承担、连续运转，并且克服了阴雨天气、泥泞道路等客观条件的限制，既提高了软料进

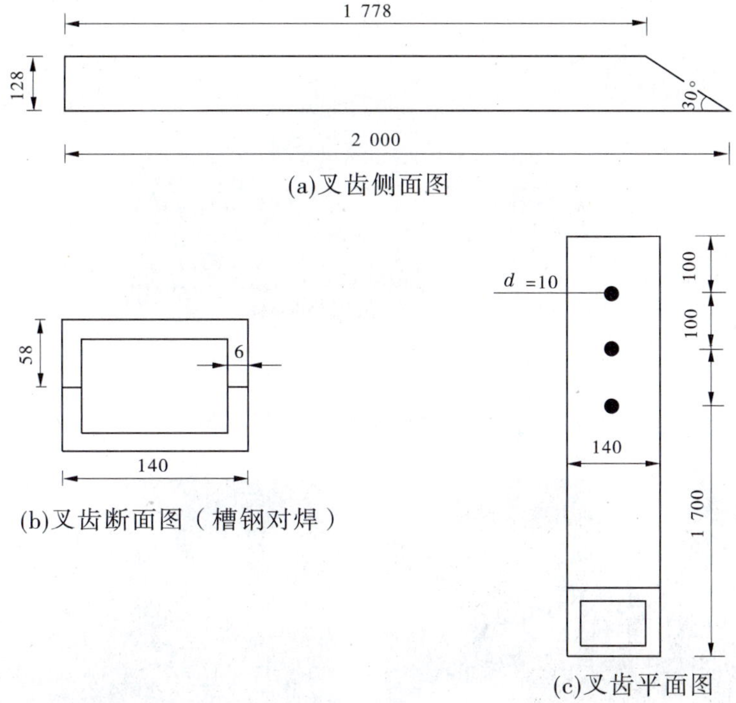

图 6-1　软料叉车叉齿构造图　（单位：mm）

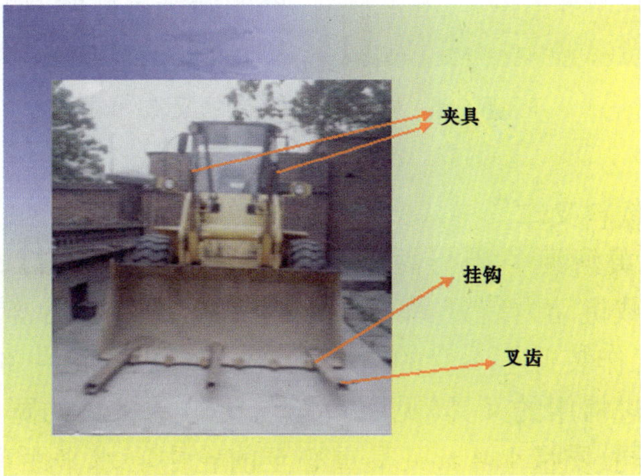

图 6-2　软料叉车初步改进——安装叉齿

埽效率，加快了抢险、施工进度，又减小了人工劳动强度。在实践中，有些单位根据叉齿使用情况又对叉车结构进行了改装，在装载机斗前端下侧安装了 4 个叉齿，并在上端安装了挡杆或夹具，防止软料从上方漏出（见图 6-4）。

由于简易叉车的叉齿简陋、后挡强度较低，存在不能有效利用铲斗容积等缺点，造成其在进行叉装作业时不流畅，且叉装量不大，直接影响了叉装效率

图 6-3　软料叉车运送柳秸料

图 6-4　安装 4 个叉齿的叉车

的进一步发挥。

（二）改进型软料叉车

2004 年河南黄河河务局与孟津黄河河务局合作，进行了第二次叉车改造。在保证原装载机动力装置、车架、行走装置、传动系统、转向系统、制动系统、液压系统和工作装置等不变的情况下，将装载机的铲斗部分全部拆下，换成适合防汛抢险进埽用的叉具（见图 6-5、图 6-6）。叉具的宽度与装载机的两轮之间的宽度相同，质量 1.4 t，叉具重心至前轮中心水平距离最大时为 2 m，有 4 个齿，每个齿的齿长 3 m，底部断面为 0.04 m×0.3 m，挡板长 3 m、高 3 m，钢材采用 2 号钢。这样解决了简易叉车容积较小的问题，同时由于叉齿强度有所提高、改进了叉齿形状，使得叉齿在进行叉装作业时更加轻松、流畅，叉车装载料物数量明显加大，叉齿及后挡板强度也有所提高，使用较为方便。2004 年，在封丘顺河街工程应急抢修施工中应用了该叉车，效果较为显著（见图 6-7）。但是遇到较大的树枝尤其是遇到整体树木时，叉齿经多次使用后易发生变形，叉齿强度有待进一步提高。

图6-5　改进型软料叉车的叉具侧面图

图6-6　改进型软料叉车的叉具背面图

图6-7　2004 年 5 月软料叉车在封丘顺河街工程运送软料

(三)定型软料叉车

1. 简易叉车

改进型叉车的研制成功为大型抢险提供了极大的便利,但中小型抢险对设备简单化的要求不能很好地体现,简易叉车的改进又成为研究的课题。针对初始简易叉车简单实用的特点和存在的问题,长垣黄河河务局在此基础上进行了研究改进,研制出定型的简易叉车,主要改进有以下几个方面:①在槽钢中焊接钢板,提高叉齿强度;②在铲斗后部安装高强度叉齿,防止软料掉落;③叉齿改进成扇形,增加叉托料物的幅面。

具体做法:装载机铲斗底部内侧均匀安装 3 根或 4 根叉齿,叉齿长 1.5 m,槽钢厚 15 mm,最外侧叉齿距铲斗侧壁距离为 20 mm;每根叉齿用 3 个螺栓固定,螺栓直径 30 mm,螺栓位置分别在距铲斗前沿 6 cm、17 cm、102 cm 处。铲斗上部两根叉齿长 1.5 m,槽钢厚 10 mm,分设在距铲斗侧壁 0.5 m 处,每根叉齿上设 2 个固定螺栓,螺栓位置分别在距铲斗前沿 30 cm、45 cm 处,螺栓直径 20 mm;固定螺栓时需加平垫和弹簧垫。

改进型简易叉车(见图 6-8)较原简易叉车具有明显的优点:叉齿强度提高、长度加大、经久耐用,不变形;一次叉装量明显增加,受力更加科学,且能够叉装较大树干甚至整体树木,适用性更加广泛。

2. 专用叉车

简易叉车具有安装简单快速的特点,适用于一般抢险需要。较简易叉车而言,改进型叉车装载料物数量明显加大,叉齿及后挡板强度也有所提高,适合抢大险的需要,能够快速、大量地运送软料。但是存在叉齿强度不够的问题。为提高叉车叉齿的强度和耐用性,扩大叉车的适用范围,通过对叉齿的受力理论计算,由河南黄河河务局和河南黄河机械厂研制成功了专用叉车(见图6-9)。

图6-8 改进型简易叉车

图6-9 专用叉车

专用叉车的研发达到了以下机械性能和功能要求:

(1)根据稳定性原则确定允许起重量,即通过稳定性计算确定使用叉具后的最大允许起重量。

(2)根据构件承载原则确定允许起重量,即通过计算装载机及构件在配置叉具前后承受荷载应相等的原则来确定新的允许起重量。

(3)综合分析叉车作业时叉齿和叉具承受的荷载情况。

(4)校核叉具强度,经过校核计算,叉具的校核正应力和剪应力均满足所选材料的强度要求。

二、抢险叉车的使用情况

叉车运送软料技术首先在神堤工程施工中成功运用,此后河南黄河河务局防汛办公室对该项技术提出了改进意见，改进后的叉车在东坝头控导、蔡集、裴峪等多处工程的施工和抢险中推广使用。2003年7月，河南黄河河务局在申庄险工举办防汛抢险技能竞赛时，要求每个参赛队将软料叉车作为搂厢项目的必用参赛工具，促使河南黄河河务局所有机动抢险队掌握该项技术，并能够熟练地运用于实际抢险工作中。目前，该机具已在河南黄河河务局范围内全面推广，其主要应用情况如下。

（一）神堤控导工程24、27号和28号坝进占

在2000年续建的神堤控导工程24、27号和28号坝进占施工中，运送柳秸料距离约80 m，工人100名，日送柳秸料3.84万kg；采用一台叉车运送柳秸料时，一个工作日可送柳秸料14.4万kg，其效率是100名工人效率的3.75倍，大大加快了施工进占速度，对工程如期完工发挥了决定性作用。

（二）东坝头控导工程11号坝进占

2003年4月，东坝头控导工程11号坝进占施工中，柳秸料场距进占位置约250 m，在运用叉车之前，投入人工200余人运送柳秸料，日送柳秸料6.4万kg；而采用叉车之后，日送柳秸料17.28万kg，其效率是200名工人效率的2.7倍，工程施工速度明显加快。

（三）顺河街工程13号坝进占试验

2004年在封丘顺河街工程13号坝进占试验中，共计运送柳秸料78.98万kg，特别是在21日做厢埽时，仅一部叉车供应柳秸料，运距为80～120 m，24.45万kg柳秸料在6小时之内运送完毕，其效率相当惊人。

（四）禅房搂厢竞赛

2003年6月，新乡黄河河务局在禅房举行防汛抢险技能竞赛时，每个参赛队搂厢所运柳秸料8 000 kg，从250 m之外全部运至搂厢现场，平均运送时间在12分钟内，大大提高了搂厢效率。

（五）申庄搂厢竞赛

2003年7月，河南黄河河务局在郑州申庄险工举行防汛抢险技能竞赛，每个参赛队搂厢所运柳秸料10 000 kg，从200 m之外全部运至搂厢现场，平均运送时间在12分钟内，为快速搂厢提供了保障。

各工程人工、叉车运送柳秸料情况统计见表6-1。

从以上统计情况可以看出：神堤工程在利用改进后的软料叉车运送软料速度是100名工人运送软料速度的3.75倍，而人工投资是软料叉车的1.43倍；东坝头控导工程在利用改进后的软料叉车运送软料速度是200名工人运送软料速度的2.7倍，而人工投资是软料叉车的2.86倍。软料叉车的运送效

率是明显的,同时叉车受天气、道路状况影响较小,可以连续作业,完全符合抢险实战时对机械设备的性能要求。

表 6-1 各工程人工、叉车运送柳秸料情况统计

地点	运送距离（m）	人工（工日）	叉车（台班）	叉车类型	时间（h）	运送量（万 kg）	投资（元）	说明
神堤	80	100			8	3.84	2 088.00	道路正常
			1.00	叉齿	8	14.40	1 457.92	道路泥泞
东坝头控导	250	200			8	6.40	4 176.00	道路正常
			1.00	叉齿	8	17.28	1 457.92	道路正常
顺河街	150		0.75	叉具	6	24.45	1 093.44	道路正常
禅房	250		0.03	叉具	0.2	0.80	36.45	道路正常
申庄	200		0.03	叉齿	0.2	1.00	36.45	道路正常

注:人工单价 20.88 元/工日,装载机 182.24 元/台时。

此外,2005 年马庄、顺河街两处工程新结构坝出现重大险情,马庄 2 000 m 长潜坝冲失 95 m,顺河街 300 m 长潜坝冲失 200 m。倘若人工抢险恢复,马庄最少需 5 天,顺河街最少需要 15 天;而实际采用软料叉车马庄仅用了 30 小时、顺河街仅用了 60 小时就完成了险情抢护和恢复任务。

三、各种叉车的利弊及应用条件

(1)简易叉车。简易叉车装卸方便,投资小,且便于储藏,任何一部装载机急需时只需打几个孔,叉齿一装就可做软料叉车使用,适用于中小型险情抢护的软料运送工作;缺点是效率相对较低。

(2)专用叉车。专用叉车运料效率高,适应于重大险情时使用,能满足大量料物快速运送的要求;缺点是装卸、储藏不方便。

第二节 挖掘机辅爪的研制与改进

一、研发背景

挖掘机对土料、沙石等散状材料的铲运、装卸和轻度的开挖具有很高的效率,广泛应用于铁路、建筑、水电、矿山等建设工程。但黄河抢险中常用人工来进行柳秸料和石料的抢险作业,存在速度慢、效率低和安全系数小的问题,因此尝试用挖掘机代替人工作业,最大限度地发挥挖掘机在抢险中的作用。但

是,挖掘机挖土和铲运树枝、石笼的工况是不一样的,抓铅丝石笼总被铲力推动后移,抓软料又因挖斗窄、物料长很难掌握平衡。

经过多次反复实践,发现挖掘机上必须配有一种装置,能在铲料时挡住料物使其不向后移动,而且这种装置能够被挖掘机随身携带。通过对挖掘机铲运土方动作的反复观察,终于研究出了一种辅助装置,它可以连接在挖掘机的悬臂上,通过伸出的长爪与铲斗形成夹钳之势,把“挖”的动作变为“抓”的动作,实现对树枝、石方的抓运,即为“辅爪”。

二、研发与改进过程

挖掘机辅爪装置由两个爪子、支撑板、前夹板、后夹板、前后挡块和一些紧固件组成(见图6-10)。前夹板和后夹板通过6条高强度螺栓夹住挖掘机的长臂,挖掘机的长臂有一定的斜角,螺栓两端均有方型斜垫片。前后夹板的下面紧贴前后挡块,防止夹板沿斜面下滑,斜面和挡块共同限位,使前后夹板不会上下移动。两个爪子夹在后夹板的两个槽内,也有6条螺栓将其连接。在两个爪子之间还有3块支撑板连接,使其连为一体,提高整体刚性。下面对

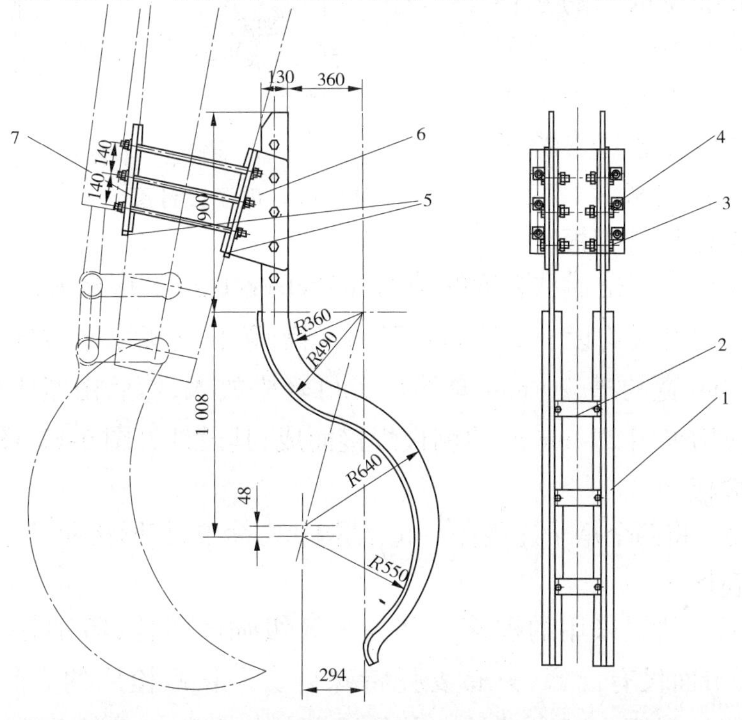

1—爪子;2—支撑板;3—螺栓螺母垫圈;4—螺栓螺母斜垫片垫圈;

5—前后挡块;6—后夹板;7—前夹板

图6-10　挖掘机辅爪装置　(单位:mm)

各个零部件进行详细介绍。

(一)爪子

爪子是挖掘机辅爪装置的核心部件,它采用流线型结构,弧线的半径和圆心的位置都经过精心设计,而且不同的圆弧段之间均为光滑过度,因此外观非常漂亮,同时又避免了应力集中,提高了机械韧性。图6-11所示是爪子设计图,钢板1是它的主体部分,上面有5个等距的ϕ32 mm的光孔,选择不同的孔进行连接,可以改变爪子的上下位置。钢板2的作用有三:①增强爪子的刚性和强度;②增大爪子工作面的面积,提高抓物的稳定性;③上面加工有螺栓孔,通过支撑板将两个爪子连接起来。

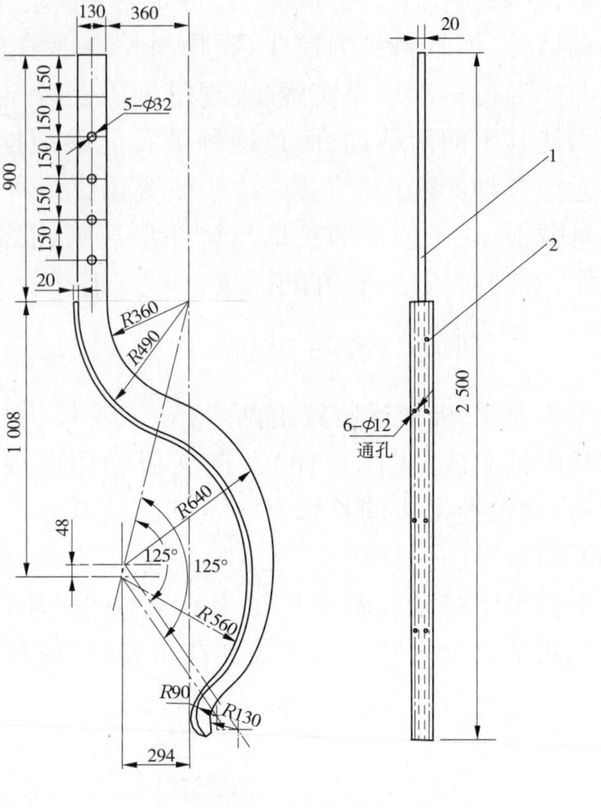

1—钢板1;2—钢板2

图6-11　爪子设计图　(单位:mm)

(二)前夹板和后夹板

前夹板和后夹板是辅爪装置的辅助部分,两者通过长螺栓夹住挖掘机的长臂。前夹板和后夹板均设有270 mm宽的卡槽,防止夹板水平方向移动。后夹板设计有22 mm宽的槽,20 mm厚的爪子可轻松放入,然后由紧固件固定。前夹板和后夹板均采用20 mm厚的钢板焊接而成,其设计见图6-12、图6-13。

(三)支撑板

支撑板用来将两个爪子连接在一起,结构非常简单,其形状和尺寸见图6-14。

(四)紧固件

挖掘机辅爪装置采用的螺栓全部为8.8级强度螺栓,特别是前后夹板用的超长螺栓,市面没有出售,只有委托特殊订货。长螺栓用的方斜垫片,是根据挖掘机长臂的斜度自行设计的。其他紧固件均采购标准件。

(五)辅爪装置的工况

辅爪在抓物体的时候,需要与铲斗配合产生一个夹力,这时候受力最大。等抓起物体以后,铲斗处于下位,爪子处于上位,这时爪子基本不受力或受力

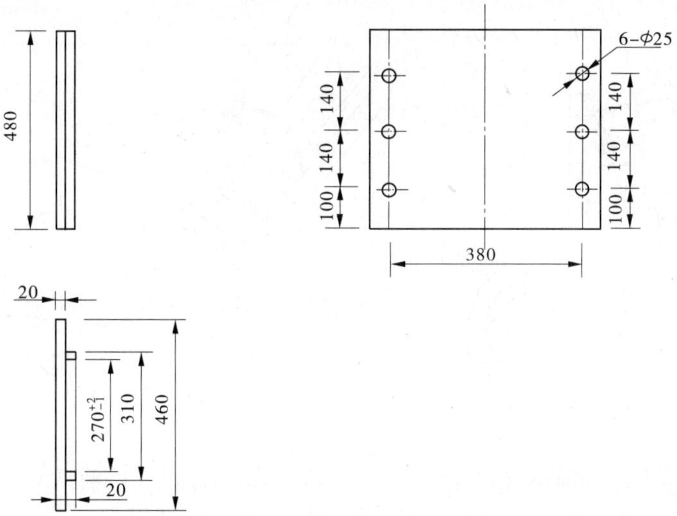

图 6-12　前夹板设计图　(单位:mm)

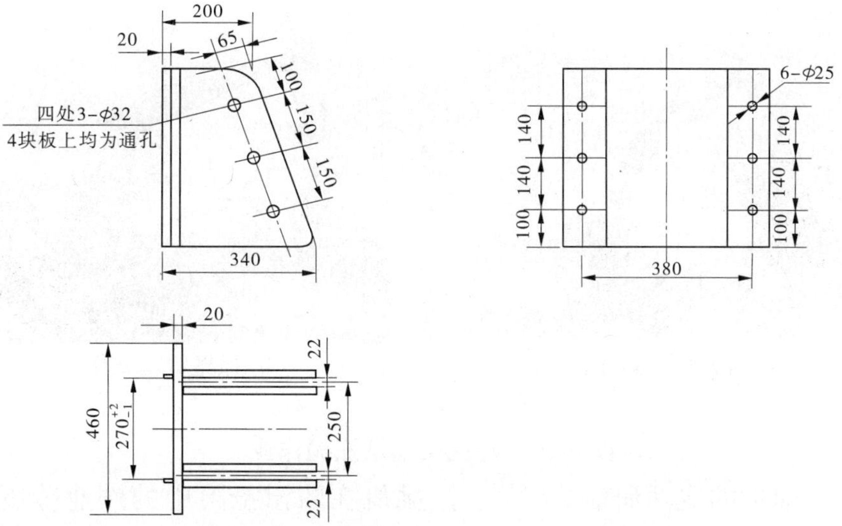

图 6-13　后夹板设计图　(单位:mm)

很小(见图 6-15)。

三、推广应用过程

该设备由孟津黄河河务局研制,主要解决了挖掘机在实施抢险作业时完成挖掘机抓柳秸料、抓抛铅丝石笼作业的问题(见图 6-16)。后经过惠金黄河河务局进行改造定型。

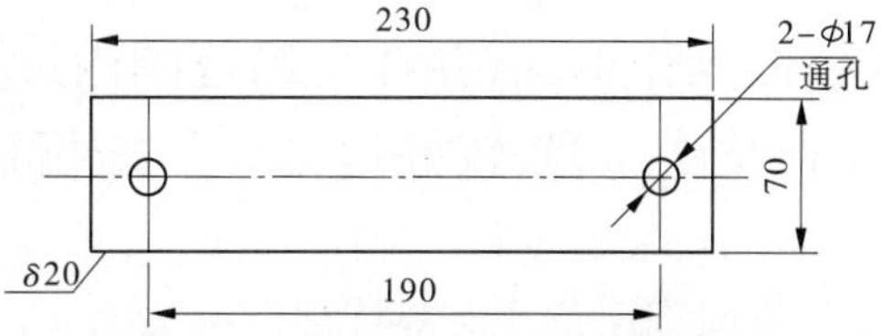

图 6-14　支撑板设计图　(单位:mm)

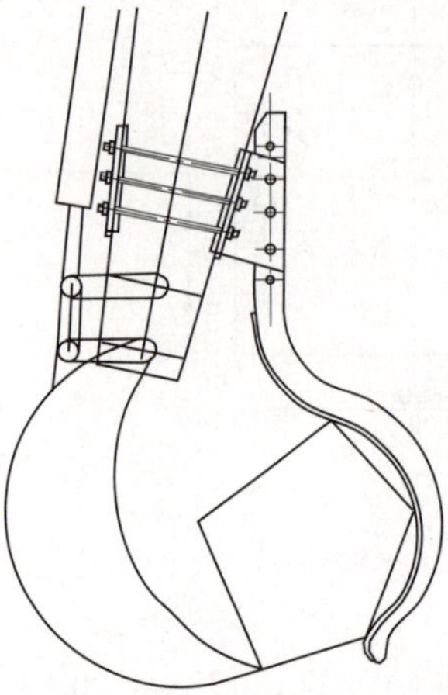

(a)抓物体时辅爪受力

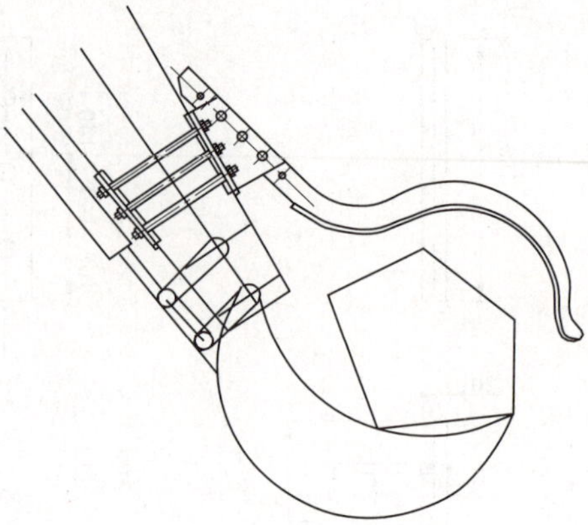

(b)物体抓起后辅爪基本不受力

图6-15　辅爪工况示意图

(a) 抓抛软料作业

(b) 抓抛铅丝笼作业

图6-16　挖掘机辅爪抓抛作业

挖掘机辅爪的成功研制，扩大了挖掘机在防汛抢险中的作业范围。2007年，河南豫西黄河河务局在花园镇进行了现场作业培训，培训对象是主管防汛局长、防汛办公室主任及各专业机动抢险队队长。当年，各单位购置了辅爪设备，加强技能操作训练，并在全局范围内进行了挖掘机辅爪装抛厢枕和抓抛铅丝石笼作业技能竞赛，较好地推广了挖掘机装配辅爪装抛厢枕和抓抛石笼新技术。

四、在防汛抢险中的作用

(1)增加了挖掘机的抓抛功能。改造后的挖掘机在不改变原有结构和不增加外界动力的情况下，保留了原来所有功能，增加了抓物和抛物功能。

(2)实现一机多用。改造后的挖掘机，既可代替抛石机工作，又可代替传统人工柳秸料作业，伸展长臂可以将铅丝笼和柳秸料准确、稳定地抛入出险地点，具有快捷、准确、高效的特点。

(3)改变了人工作业的局面。在实际运用中，机械作业代替人工传统作业，节约了大量的人力、物力，加快了速度，提高了效率。

五、成果获奖及设备推广情况

(一)获奖情况

辅爪的成功应用，不但扩大了挖掘机的作业范围，而且在防汛抢险方面收到了较好的应用效果，已获得黄河水利委员会创新成果奖一等奖，并作为《大型机械在防汛抢险中的应用》一书的部分内容，获得大禹水利科学技术奖三等奖。

(二)推广应用情况

目前，辅爪设备已作为《大型机械在防汛抢险中的应用》一书中的一部分，在全局范围内推广应用，并列入了《2007年国家水利先进实用技术重点推广指导目录》。

第三节　六角钢网编织机的引进与改造

一、六角钢网编织机研制过程

装载机、挖掘机、自卸汽车装抛铅丝石笼等新技术已经在抢险中得到越来越广泛的应用，而传统手工生产编织的铅丝石笼网片在外形尺寸、受力性能和强度等各方面都不适应大型机械装抛铅丝石笼的需要，容易发生断丝等现象。也有单位研制了铅丝网片编织机，但存在着扭力不足、幅面较小、编织速度和耐疲劳强度不够等问题，仅能用于编织12号铅丝网片，不能自动设置网纲，结构相对粗糙、笨重，生产性能不够稳定。

为配合大型抢险技术的应用，解决传统手工生产方式和现有编织机编织网片存在的问题，实现铅丝网片的规模化、规范化生产，河南黄河河务局开展了网片编织机的相关研究工作。

2004年，河南黄河河务局在进行网片编织技术调研的过程中得知：六角钢网编织技术已经成熟，六角网片受力均匀，增强了铅丝的联合受力强度，能够有效解决铅丝断裂的问题。国产网片编织机能够满足编织12号铅丝和多种尺寸幅宽铅丝网片的要求，并满足机械装块石对铅丝网片强度和网片均匀程度的要求。网片编织机工作量可以达到日编织5 000 m^2，只是在幅面、网孔、丝径等方面不能完全满足机械抢险对网片的要求。

大型机械装抛铅丝石笼抢险所需要的网片为宽幅、高强度网片，2005 年 6 月，河南黄河河务局向编织机生产厂家提交编织机改进方案，将网片编织机改进为能够编织 8 号和 12 号铅丝以及 4.3 m 幅宽以下任何幅宽网片的宽幅高强度网片的专用编织机（见图 6-17）。

图 6-17　宽幅高强度网片编织机

专用编制机紧密结合黄河防汛抢险对铅丝石笼网片的相关要求，主要做了以下改进：

（1）增大网片孔口，减少铅丝用量。改进了设备主要部件，将网片孔口尺寸由原来的 10 cm×10 cm 增加到 18 cm×18 cm。

（2）增加了网片幅宽。网片最大幅宽由 3～3.5 m 增加到 4.3 m。

（3）改变了网纲铅丝规格。可根据大型机械化作业要求，生产网纲为 8 号铅丝、网片为 12 号铅丝等不同规格的网片，满足了机械抢险要求。

（4）解决了网片加工过程中铅丝连接的问题。采用了机械电焊连接技术，使铅丝接头牢固平滑，保证了生产质量，提高了工作效率。

（5）改变了网片拼接方法。采用铅丝网片封口器，使网片拼接快速、高效、牢固，可相机生产规格为 4 m×4 m、4 m×3 m、3 m×3 m 等不同形状的网片。这些网片既可单独使用，又可相互拼接后直接铺放在自卸汽车上用于抛投大铅丝石笼。

二、六角钢网编织机在抢险中的应用

六角钢网编织机的成功引进改造，使河南黄河河务局范围内的铅丝网片制作水平大幅度提高。根据近年抢险网片使用的情况，河南黄河河务局配备一台六角钢网编织机,即可满足黄河河南段全年对铅丝网片的需要,完全实现机械编织网片替代手工编织网片,将机械化抢险向前推进了一大步。2008年,该编织机生产的铅丝网片应用在“5·12”汶川特大地震灾害抢险和内蒙古黄河抢险中,均发挥了重要作用。

该编织机由河南黄河河务局防汛物资储备调配中心负责运行管理,并根据各地工程实际情况对所需各种规格的铅丝网片,进行统一生产、统一配发,实现了铅丝网片的集中生产、快速配送,同时可满足实时生产、随时使用的要求,为快速遏制险情发挥了重要作用。

强力大幅六角钢网编织机的研制成功,使过去手工编织铅丝网片劳动强度高、生产效率低、质量不能保证的局面彻底改观,装抛铅丝石笼抢险实现全过程机械化,充分发挥了机械效能,促进了大型机械装抛石笼抢险技术水平的提高。

六角钢网编织机可以加工宽4.3 m以下各种幅宽网片,若幅宽1.8 m,则可以同时加工两幅网片,分别为1.8 m和0.5 m,同时可以加工8～12号不同规格铅丝的网片。编织机实际加工速度150 m/h,以加工幅宽为4.3 m计,每台六角钢网编织机每台班加工网片5 160 m^2,每个台班编织4.73 t,以近年抢险需求网片最大量的2003年533 t计算,不足4个月时间即可加工完。六角钢网编织机的研制成功,不仅解决了人力编织8号铅丝网片的困难,大大提高了铅丝网片的编织效率,也解决了堵口对大体积网笼需求的难题。

第四节　铅丝石笼封口机研制

一、铅丝石笼封口机研发与改进过程

在黄河防洪工程以及其他江河防汛抢险和根石加固中,抛投铅丝石笼最为常见。铅丝石笼最主要的材料就是石料和铅丝网片,要想快速有效地抢险护根就必须用大量的铅丝网片,并进行封口。在以往的防汛抢险和根石加固过程中,铅丝石笼的封口全是手工作业,封口速度慢、劳动强度大、封口质量低、抛投时封口易开裂,而且长时间、高强度手工作业易对人手造成损伤。

在实现铅丝石笼的机械化装抛之后,手工封口的速度、质量明显影响了装填速度和抛投效果,特别是在重大险情的抢护过程中,在自卸汽车上人工封口,作业更不方便,机械封口机的研发彻底解决了这些问题。

长垣黄河河务局、孟州黄河河务局、博爱黄河河务局等单位通过不断摸索,使该项技术从设想到蓝图、从粗糙到精致、从试验到应用，经过近两年的不断改进和完善，先后研制出了三代铅丝石笼封口机。该机具多次在黄河防汛抢险实战中得以应用，取得了良好的效果，在黄河防汛抢险工作中发挥了重要作用。

（一）第一代封口机

第一代封口机为“对拧式封口机”（见图 6-18、图 6-19），是长垣黄河河务局职工杨志良在 2004 年 4 月研制而成的。

图 6-18　**第一代封口机**

图 6-19　**第一代封口机应用**

第一代封口机实现了铅丝石笼由人工封口向机械封口的转变，但是还存在卡口小、转速快、不易控制等问题，需要人工和辅助工具协助将铅丝收在一起才能进行封口。封口机电源采用装载机机载电源,装载机本身电源为 24 V,为了方便封口机的电源需要,在电路上配装逆变器,把电压升为 220 V。在封口时可插入电源插座,封好时顺便拔出。

(二)第二代封口机

第二代封口机(见图 6-20、图 6-21)型号为 QLFK 型,又称做“乚”型封口机,由孟州黄河河务局与河南黄河河务局于 2004 年 8 月在第一代封口机的基础上合作研制而成,第二代封口机将前端卡口改为开口较大的“乚”型,在没有辅助工具的情况下,就能将铅丝收在一起拧转封口,具有质量轻、体积小、结构合理、便于随身携带、维修方便、封口速度快等优点,QLFK 型铅丝石笼封口机每打一个结需 3 ~5 秒,其效率是人工封口的 30 倍,曾在孟州黄河防汛抢险中应用。

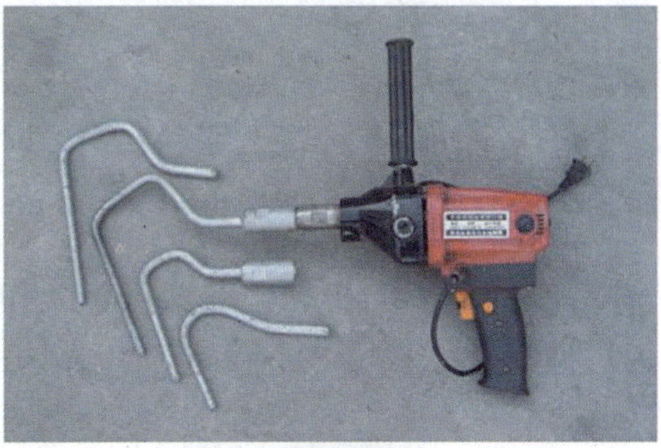

图 6-20　第二代封口机

图 6-21　第二代封口机应用

第二代封口机虽然卡丝性能提高了,但是由于转速较高,难控制,易将 12 号铅丝拧断,或者虽然不断,在抛投时易断丝,影响了铅丝石笼的抛投效果,同时拧 8 号铅丝力量又不足,不适用于 8 号铅丝网片。

(三)第三代封口机

第三代封口机(见图 6-22)由长垣黄河河务局研制而成。在保持第二代封口机外观的情况下,对其进行技术改进,改变了封口机本身电机性能,将 1 100 W 的电机加大至 2 000 W,同时,将旋转速度降低 1 ~2 倍,拧转力量加大,便于进行操作控制,这样既不会使12号铅丝断裂,又能轻易将8号铅丝拧转,具有低转速、大扭矩、封口速度易控制的优点。

图6-22 第三代封口机应用

(四)手动快速封口器

为解决阴雨天气使用电器设备存在安全隐患和缺乏电源等恶劣条件下铅丝石笼的封口问题,长垣黄河河务局在原有铅丝石笼封口技术的基础上,研制了手动快速封口器(见图6-23)。

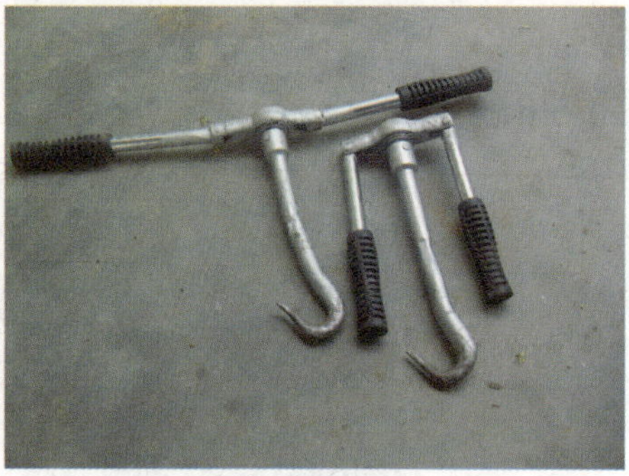

图6-23 手动快速封口器

手动快速封口技术采用机具手柄长20 cm,旋转半径20 cm,拧封最小旋转角度5°,最大旋转角度360°,手柄收合角度90°,主动轴适宜长度25 cm。该机具结构合理,在狭小空间内可360°任意旋转作业,且在铅丝封口拧死时,可顺利脱钩,在铅丝石笼网片装石饱和的情况下拧封效果显著,拧封节点牢固不易开口;安装的顺逆开关有效地解决了网丝意外绕缠脱勾难的问题;采用不锈钢材质,具有较高的强度和硬度;手柄有一定的长度,有效地增加了扭矩,保证了在拧封作业过程中作业人员的安全性。手动快速封口器应用见图6-24。

二、封口机具的推广应用

经过三代封口机的研发和改进,封口机的技术性能逐步完善,封口技术日趋成熟,研制的系列封口机产品,能够适应多种条件下的铅丝石笼封口作业,并且在河南黄河河务局范围内进行了推广和应用,有效发挥了操作方便、封口

图 6-24　手动快速封口器应用

速度快、效率高、封口牢固等优点。

2004 年调水调沙期间,长垣黄河河务局将封口机应用于防洪工程抢险中,抢险时,2～3 人即可在短时间内完成整个铅丝石笼封口全部操作。

2004 年主汛期,孟州黄河河务局将第二代封口机应用于开仪工程较大险情抢护工作中。

2005 年,第三代封口机在河南黄河河务局全面推广,调水调沙期间在工程险情抢护中发挥了巨大作用。

截至 2009 年,该机具已在河南黄河河务局推广了 166 台。其中,焦作黄河河务局 10 台,豫西黄河河务局 10 台,新乡黄河河务局 80 台,濮阳黄河河务局 20 台,郑州黄河河务局 40 台,开封黄河河务局 6 台。

该机具荣获 2005～2006 年河南黄河河务局创新成果奖一等奖、黄委会创新成果奖三等奖。

三、铅丝石笼封口机具的使用范围

(1)铅丝石笼封口机。最后的定型产品为长垣黄河河务局研制的第三代封口机,现已被水利部科技推广中心列入国家重点新产品推广应用项目,应用于各抢险现场,但在阴雨天气使用时应注意用电安全。

(2)手动快速封口器。是电动封口机的辅助产品。在没有电源的情况下或阴雨天抢险时,为保证安全作业,使用手动封口器。因此,手动快速封口器在防汛抢险中也是必备工具。

第七章 机械装抛铅丝石笼抢险技术

第一节 机械装抛铅丝石笼抢险概述

一、机械装抛铅丝石笼抢险技术研发背景

根据2002~2004年黄河调水调沙试验情况，黄河下游即便是发生中小洪水，河道整治工程也会出现非常危急的抗洪抢险局面。虽然抢险机械可以有效提高抛散石抢险的速度，但在大溜顶冲、工程基础较浅造成大体积出险时，单靠抛散石极易形成根石严重冲失的险恶形势。2003年，受华西秋雨影响，黄河下游2 500~3 000 m^3/s 流量洪水历时80余天，原阳大张庄11号坝受大溜顶冲，出险长度30 m，采取抛散石的抢险方法，即将完成约1 700 m^3 的抛石量时，突然所抛根石瞬间不见踪影；同年封丘顺河街工程14、16号坝抢大险，14号坝用石量3 244 m^3，16号坝用石量6 430 m^3；开封王庵工程11号坝抢险，用石量4 933 m^3，10号坝用石量3 842 m^3。若加上各工程建设时的用石量，单坝用石量最多达到10 000余 m^3；赵口下延控导工程5~8号坝自工程建成至2005年，遭遇最大洪水流量仅为4 610 m^3/s，抢险用石量为23 262 m^3，工程建设和历年根石加固用石量分别为13 770 m^3 和19 371 m^3，4号坝总用石量为56 403 m^3，单坝平均用石量多达14 100 m^3。此类抢险实例，虽然工程平安脱险，但是抢险费用惊人，主要原因是抢险方法单一、仅靠自卸汽车抛散石。由于工程出险部位往往承受较大流速，水流冲刷能力较强，单块石料抗冲能力相对薄弱。在抢险时，必须考虑防止根石走失的措施，而人工推铅丝笼速度太慢，经常在与险情发展比速度时不能满足需要。因此，如何利用大型机械设备，实现铅丝笼的机械化作业，快速、高效地抛投铅丝石笼，减少石料消耗、提高抢险效率成为当时面临的难题。为此，我们在抢险实践中探索研究，终于完成了人机配合装、封、抛铅丝石笼的机械化作业研究成果，并在顺河街工程水中进占筑坝试验中取得圆满成功，满足了既保护根石，又能快速抢险的要求。

二、机械抛铅丝石笼抢险技术研发过程

2003年，王庵、蔡集等工程抢险初期采用抛散石的抢险方案，用完了工程

附近全部石料，一度造成抢险石料供应紧张的局面。工程抢险中后期运用大型机械抛铅丝石笼技术，减少了石料消耗，使有限的石料发挥出最大的效益，缩减了抢护费用，此项技术也在实践中趋于成熟。

（一）水中进占筑坝施工自卸汽车装抛铅丝石笼试验

1. 试验工艺

试验工艺主要包括网片加工、人工铺放车身网片、挖掘机装笼、封口机封口、自卸汽车运输并抛投铅丝石笼等环节。

网片规格：试验用两种网片，一种网片的网纲和网格采用同一规格铅丝，均用8号铅丝编织；另一种网片按现行规格，网纲为8号铅丝、网格为12号铅丝编织。网片尺寸根据自卸汽车车厢大小拟定。

将加工好的一张网片平铺于自卸汽车车厢底部，网片四翼展开在车厢外部。用挖掘机将块石装于车厢内网片上，当装石近于车厢体积80%时，将四翼网片收起，用电动封口机进行封口，在石笼上拴一根长约20 m的麻绳，以测网笼入水后的位置、状态。抛投时在紧靠大溜的位置进占，将装有石笼的自卸汽车停至预抛位置，自卸汽车车厢缓缓升起，石笼顺坝坡滚入水中，在滚落过程中观察石笼网片受破坏程度，把绳子拉起察看石笼入水后停留位置，并作好记录。

2. 试验效果

抛投试验时，笼体露出水面的石笼抛投量分别为：水深5 m，抛投2个；水深8 m，抛投6个；水深10 m，抛投8个，石笼抛投出水后上部抛散石成坦。试验中，不同水深石笼均能平稳入水，石笼留绳均能循序渐进入底。试验用摄像机拍摄全过程，进行全方位观测，笼体均未发现断丝现象。

3. 试验结果分析

（1）该项试验在大溜顶冲的工程部位，采用人工与挖掘机和自卸汽车抛投大铅丝石笼安全可行，试验获得圆满成功。

（2）该工艺极大发挥了大型机械的高效性，在实际运用中操作简便易行。仅仅在石笼抛投不到位，需用推土机推进时，要求操作手有熟练的技术。

（3）石笼体积可从5 m^3 增大到10 m^3 左右，具有体积大、速度快、抗冲能力强的优点，在实际抢险的关键位置抛投效果极佳。

（4）机械装抛大铅丝石笼解决了大溜顶冲时抛散石根石容易走失的问题。与传统人工抛笼作业相比，其优势是工料造价均低廉，将人工搬石、装推石笼的作业，改变为人工铺放网片和捆扎封口，有效减轻了队员的劳动强度。

（5）石笼采用机械封口，提高了封口速度和笼体牢固程度，抛投质量更可靠。

(二)工程抢险中挖掘机装抛铅丝石笼试验

1. 试验工艺

试验工艺主要包括网片加工、人工就地铺网片、挖掘机自装笼、封口机封口、挖掘机抓抛笼等环节。

将8、12号铅丝加工成为3 m×4 m、4 m×4 m两种尺寸的网片,分别用来装抛1 m^3、2 m^3 的石料。将网片在装笼场地上拉展平铺,挖掘机就近将石料装于网片上,若有少量的石块位置不当,由人工将其搬至恰当位置,然后用封口机封口。挖掘机将装好的铅丝石笼就地挖起,抛至指定位置。

2. 试验效果

挖掘机装抛铅丝石笼试验过程中,装笼速度非常迅速,抛投位置准确。整个试验过程紧凑、流畅,一气呵成,铅丝网片没有发生断丝现象。

3. 试验效果分析

(1)该项工艺较简单,操作简便,只需培训挖掘机操作手。

(2)该项工艺改变了传统作业方式,解决了人工搬石和推笼重体力劳动的弊端。减轻劳动强度之后,员工在安全的位置作业,也实现了"以人为本"的试验目的。

(3)该项试验达到了提高工作效率、节省劳力、节约投资的目的。人工装推铅丝石笼,一般情况下每个笼需要8个人来完成,用时约为60分钟。试验中,挖掘机装抛铅丝石笼(见图7-1)可以一步到位,4个人配合,完成每个石笼装抛只需5.7分钟。

图7-1　挖掘机装抛铅丝石笼(中牟赵口)

(三)抢险中装载机装抛铅丝石笼试验

1. 试验工艺

2003 年工程抢险过程中,应用装载机装抛铅丝石笼进行了试验。试验工艺主要包括加工网片、人工铺设机身网片或就地铺设、自装笼、封口机封口、自抛投等环节。

网片规格:试验用网片尺寸为 3.6 m×4.2 m,装石体积 3 m^3,采取同人工与挖掘机配合抛投相同的方式时,也可以加工成 3 m×4 m(装石 3 m^3)、4 m×4 m(装石 3 m^3)的网片。

2. 试验效果

通过对两种抛投方法的全程试验观测,机身铺网装笼法各个作业环节均在铲斗内进行,抛投铅丝笼可一步到位,抛投效果也较理想,但速度较慢;地面铺设网片法可以同时在 3~5 个位置铺放网片,2~3 人一组,装载机可以满负荷运转,装完一处再装另一处,然后各处装好后随时用封口机封口,装载机随时将其推入河中,依次循环作业,充分发挥机械的快速性能。

3. 试验效果分析

(1)装载机装抛铅丝石笼的工艺简单、操作简便,与挖掘机装抛铅丝石笼相比更具灵活性。

(2)自行装笼省时、省工。

(3)以自行抛笼代替人工推笼,笼体抛投位置较为准确、到位。

上述三种装抛石笼方法的试验效果分析充分表明:大型机械化抛投铅丝网笼的试验是成功的,达到了提高抢险效率、减小抢险费用的目的。2004 年黄河调水调沙运用期间,花园口最大流量 3 550 m^3/s、最小流量2 600 m^3/s 持续了 11 天大溜顶冲顺河街工程 13 号坝,经探摸其所抛大铅丝石笼均安然无恙,充分证明了大铅丝石笼的防冲抗冲效果极佳。

三、机械抛铅丝石笼抢险技术在防汛抢险中的应用及其效益

(一)在 2003 年蔡集工程抢险中的应用情况

2003 年 9 月 18 日 ~10 月 5 日蔡集工程上首生产堤决口,抢险人员按照抢险方案,对受冲严重的 33~35 号坝,采用大型机械设备抛铅丝石笼、柳石枕和散石相结合的办法,在迎水面至上跨角抛铅丝石笼形成稳定的石笼墩,以稳定坝垛,并不断推进;其余出险较轻的坝段采用抛散石、铅丝石笼的方法进行抢护加固,及时排除险情。同时,因为各坝段频繁出险,抢险工地出现了人少、料少、设备少的三难局面,加之天气连续降雨,道路泥泞难行,抢险石料只能靠着挖掘机、装载机、自卸汽车在泥泞中艰难地运到出险坝段,依靠人工与装载

机、挖掘机配合抛笼、抛石，使有限的石料发挥最大效益，逐步稳固了坝基，险情初步得到控制，解除了溃坝的危险。截至 10 月 15 日，工程险情得到了基本控制。在整个工程抢护过程中，共抢险 315 坝次，用石量 31 600 m^3，抢险次数之多，用石量之大，在黄河抢险史上实属罕见，同时也充分展示了现代大型机械设备在危、难、险、重任务面前的巨大作用。

（二）在 2006 年桃花峪、枣树沟工程抢险中的应用情况

2006 年桃花峪 4、15 号坝，枣树沟 10 号坝分别发生较大险情。险情发生后，指挥部迅速制订出抢险方案，充分利用挖掘机、装载机、自卸汽车等大型机械设备，采用抛大铅丝石笼固根、抛散石护坡、土工格栅装编织袋或柳石枕护土胎等抢护方法，遏制险情发展。在险情抢护过程中，大型机械设备充分展示了其快速、高效的作业特性，使险情迅速得到控制。

此外，机械抛铅丝石笼技术还在 2007 年马庄工程、裴峪工程 15 号坝、桃花峪工程 16、17 号坝等重大、较大险情抢护时得以应用，对快速遏制险情发展起到了重要作用。

（三）效益分析

根据抢险现场观测记录，在不计材料费用的情况下，将人机配合装抛大铅丝石笼与完全人工装推铅丝石笼进行了比较（见表 7-1）。

表 7-1　人机配合装抛大铅丝石笼与完全人工装推铅丝石笼耗时耗资比较

项目	人工（人）	机械（台时）			时间（h）	体积（m^3）	耗资（元）	单位体积（1 m^3）			
								耗时		耗资	
		挖掘机	装载机	自卸汽车				min	人工/机械	元	人工/机械
人工装推铅丝石笼	8				8	16	167	240	1	10.44	1
人工与挖掘机配合装抛大铅丝石笼	5	0.29			0.29	5	42.73	3.46	69	8.55	1.22
人工与装载机配合装抛大铅丝石笼	3		0.05		0.05	3	9.66	0.98	244	3.22	3.24
人工与装载机、自卸汽车配合装抛大铅丝石笼	5		0.10	0.10	0.10	8	32.69	0.75	320	4.09	2.56

抢险耗时方面，人工与装载机、自卸汽车配合装抛大铅丝石笼速度最快，是人工作业效率的 320 倍；其次为人工与装载机配合，效率是人工作业的 244 倍；人工与挖掘机配合是人工作业的 69 倍。

人工、机械直接费耗资方面，人工与装载机配合最省，人工作业耗资是其3.24倍，是人工与装载机、自卸汽车配合的2.56倍，是人工与挖掘机配合的1.22倍。

封口机封口速度是人工封口速度的30倍以上。

由此可见，只要尽可能地投入机械，使用人机配合装抛大铅丝石笼，铅丝石笼装抛效率就会大大提高，减少人工费的消耗，降低人工劳动强度。

经比较，险情或抢险条件相同时，不同抛投方式在装抛速度、装抛效果、安全性以及适应程度方面的表现各有特点（见表7-2），在实际抢险中可以根据现场实际情况予以选择，以获得最佳的抢险效果。

表7-2　各种抛投铅丝石笼方式比较

项目	速度	安全性	装抛地点	抛投效果	其他要求
人工装推铅丝石笼	慢	不安全	就地装抛	难以到位，可能走失	块石距离较近、坡长较短较陡、道路较好
人工与挖掘机配合装抛大铅丝石笼	快	较安全	就地装抛	准确到位	块石距离较近
人工与装载机配合装抛大铅丝石笼	较快	安全	异地装抛	抛投较到位；抛投体积较大，不易走失	块石距离较远
人工与装载机、自卸汽车配合装抛铅丝石笼	最快	安全	异地装抛	抛投较为到位；能够抛投更大体积的铅丝石笼，对坡度稳定最好	块石距离更远、道路较好

第二节　挖掘机配合自卸汽车装抛铅丝石笼抢险技术

挖掘机配合自卸汽车装抛铅丝石笼抢险技术适用范围：主要用于河道整治工程根石、坦石坍塌、墩蛰、滑动等险情，铅丝石笼起到防止水流冲刷、固根作用。

一、挖掘机配合自卸汽车装抛铅丝石笼作业过程

（一）加工网片

网片尺寸根据自卸汽车车厢大小而定，一般体积为8 m^3，最多不超过10 m^3。

网片规格：由于抛投大体积石笼时铅丝所受冲击力较大，易造成断丝。一般险情的抢护，网纲由 8 号铅丝、网格由 12 号铅丝编织；若遇险工抢险或堵口截流，网纲由 8 号铅丝、网格由 10 号铅丝编织（见图 7-2）。

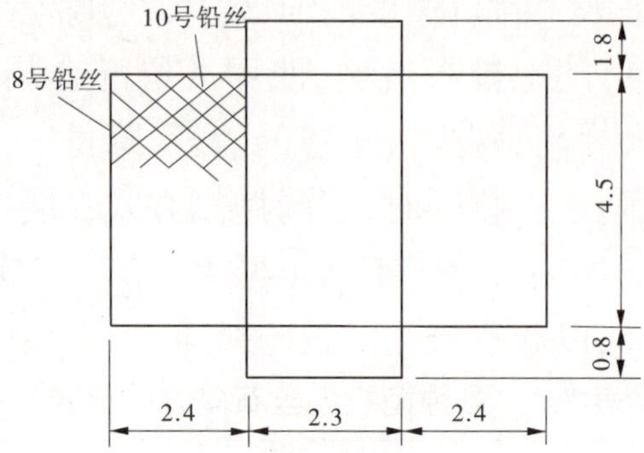

图 7-2　网片编制示意图　（单位：m）

（二）机械装笼、封口机封口

停车至料场，将一张加工好的网片平铺于自卸汽车车厢底部，网片四翼展开在车厢外部，耳朵左右两侧对称，前长后短。用挖掘机将石料装于网片内，当装石接近车厢体积 80% 时，将四翼网片收起，用电动封口机进行封口。其基本步骤如图 7-3 ~ 图 7-6 所示。

图 7-3　将加工成型的网片上车

图 7-4　在车上铺放网片

（三）抛投石笼

将装有石笼的自卸汽车停至预抛位置，根据指令缓缓升起车厢，石笼顺坝坡滚入水中（见图 7-7、图 7-8）。

二、挖掘机配合自卸汽车装抛铅丝石笼作业流程

（一）挖掘机操作要点

在挖掘机配合自卸汽车装抛铅丝石笼的操作过程中，挖掘机的主要任务是向铺好铅丝网片的车厢内装石，同时将自卸汽车抛投不到位的石笼推拨到

图 7-5　挖掘机往大笼里装石

图 7-6　自卸汽车上封口机封口

图 7-7　装好成品大铅丝笼

图 7-8　自卸汽车抛铅丝石笼

位。因此,在操作过程中应注意以下几点:

(1)为便于操作,挖掘机应尽量在石垛上方装石。

(2)挖掘机在向车厢内放石时应尽量轻放,并使铲斗和车厢的距离保持适中,距离太大会使石块砸断铅丝,距离太小则会使铲斗与网片接触,造成网片破坏。

(3)挖掘机装石及铲斗回撤时应特别注意避免接触铅丝网片。

(4)装石时的旋转半径应保持最小,以提高装石效率。

(5)装石时应使石料稍低于车厢顶面,不致造成铅丝挂住车厢。

(6)装完石料后,为方便封口,挖掘机还应用铲斗将石料大致找平。

(7)挖掘机推拨石笼时应轻缓,逐渐施力,并注意不要使斗齿挂扯铅丝。

(二)机械封口机操作要点

封口机封口操作一般需 4 人配合,车厢上 3 人进行封口操作,车下 1 人负责机具的传递及电源的管理。具体操作要点如下:

(1)网片铺到车厢上后,在装石之前,应对位于车厢前部的两个竖边进行封口。

(2)装石作业完成后,3 名工人上车开展封口作业,一般两侧各 1 人,后部 1 人。

(3)为保证安全,在各项准备工作完成后再将封口机连接电源。

(4)在封口时应首先对铅丝网片的四角进行封口,然后封直边。

(5)封口时应将铅丝拧紧,以保证其有足够的连接强度,同时还不应过度拧丝,防止将铅丝拧断。

(三)汽车驾驶员抛投铅丝石笼操作要点

自卸汽车驾驶员应服从指挥,具备一定的心理素质,沉着稳练,遇事不慌。驾驶自卸汽车抛笼时的作业要点如下:

(1)自卸汽车装笼后应快速到达抢险现场。

(2)根据场地情况,选择最小转弯半径,在最短时间内倒车停在预抛笼位置。

(3)抛石时车厢应缓缓升起,避免铅丝挂车,同时应时刻注意指挥人员口令、手势。

(四)指挥人员科学指挥

挖掘机配合自卸汽车装抛铅丝石笼技术需要多工种的相互配合,抢险现场指挥人员的指挥直接影响抢险效率的高低,对险情的抢护速度至关重要。现场指挥应把握如下要点:

(1)指挥时应把握作业关键点,即出险现场一定要整洁有序,根据现场实际情况迅速制订车辆进场、回程方案,保持交通畅通,避免抢险现场出现交通堵塞、拥挤现象。

(2)指挥时口令、手势简单明了,指挥抛笼位置准确。

(3)及时清理抢险现场无关人员、车辆。

(4)根据车辆的多少随时开辟多处抛投点,快速疏散车辆。

三、竞赛考评办法

2004 ~ 2008 年,河南黄河河务局每年汛前进行全局抢险技术大比武,促进该项技术的普及,考评办法如表 7-3 ~ 表 7-5 所示。

表 7-3　挖掘机装笼评分表

序号	评定内容	得分标准	计量	赋分（注明 ±）
1	给定分数			100
2	装笼	对料场场地损坏以挖深 15 cm 为标准，每大（小）于 1 cm 扣（加）0.4 分，1 cm 以下不计。挖掘机装笼剩余少量块石时，如果人工配合把料石装完，每块扣 0.1 分；剩余未装石料，每块扣 1 分（小于 20 cm 不计）		
		所用时间，每秒钟赋 -0.1 分	__ s	
3	安全	出现人员、机械安全事故（人员受伤、因操作失误而造成的机械安全事故等），取消评选资格		
4	最终分数			

表 7-4　自卸汽车抛投评分表

序号	评定内容	得分标准	计量	赋分（注明 ±）
1	给定分数			100
2	石笼抛投	自卸汽车停车前后位置以车轮竖直轴线指向为准，后两轮均以距边线 5 ~ 20 cm 为标准位置，小于 5 cm 视为事故，扣 20 分，大于 20 cm，每 1 cm 扣 0.4 分，1 cm 以下不计	距标准位置__ cm	
		自卸汽车停车左右位置以车轮竖直轴线指向为准，后两轮外边缘以距左右划线距离相等（20 cm）为标准位置，每偏离 1 cm 扣 0.6 分，1 cm 以下不计；偏离大于 20 cm 扣 20 分，一次停车不到位，每调整车一次扣 5 分	偏离标准位置__ cm	
		在抛投过程中，抛投石笼散开者扣 10 分；抛投时漏石 1 块（直径大于 20 cm）扣 2 分		
		要求抛投石笼在相应划线内，否则根据石笼越线程度扣分，石笼越线每 20 cm 扣 5 分		
3	时间	自卸汽车运料和抛投所用时间，每秒钟赋 -0.1 分	__ s	
4	安全	出现人员、机械安全事故（人员受伤、因操作失误而造成的机械安全事故等），取消评选资格		
5	最终得分			

表 7-5　挖掘机配合自卸汽车装抛铅丝石笼竞赛评分表

序号	评定内容	得分标准	计量	赋分（注明 ±）
1	给定分数			200
2	装笼	对料场场地损坏以挖深 15 cm 为标准，每大(小)于 1 cm 扣(加)0.4 分，1 cm 以下不计。挖掘机装笼剩余少量块石时，如果人工配合把料石装完，每块扣 0.1 分；剩余未装石料，每块扣 1 分(直径小于 20 cm 不计)		
3	封口	(1)封口后不能有块石从封口处漏石，发现 1 处超宽缝扣 3 分；每处缝宽每超过标准 10 cm 加扣 2 分		
		(2)在封口时出现断丝者，每一处扣 5 分		
4	石笼抛投	自卸汽车停车前后位置以车轮竖直轴线指向为准，后两轮均以距边线 5 ~ 20 cm 为标准位置，小于 5 cm 视为事故，扣 20 分，大于 20 cm，每 1 cm 扣 0.4 分，1 cm 以下不计	距标准位置__ cm	
		自卸汽车停车左右位置以车轮竖直轴线指向为准，后两轮外边缘以距左右划线距离相等(20 cm)为标准位置，每偏离1 cm扣 0.6 分，1 cm 以下不计；偏离大于 20 cm 扣 20 分，一次停车不到位，每调整车一次扣 5 分	偏离标准位置__ cm	
		在抛投过程中，抛投石笼散开者扣 10 分；抛投时漏石 1 块(直径大于 20 cm)扣 2 分		
		要求抛投石笼在相应划线内，否则根据石笼越线程度扣分，石笼越线每 20 cm 扣 5 分		
5	时间	起止计时以裁判鸣哨为准，每秒钟赋 -0.1 分	__ s	
6	安全	出现人员、机械安全事故(人员受伤、因操作失误而造成的机械安全事故等)，取消评选资格		
7	最终分数			

第三节　挖掘机装抛铅丝石笼技术

一、挖掘机装抛铅丝石笼作业过程

挖掘机装抛铅丝石笼技术是利用挖掘机在铺好的铅丝网片内装石料，然后再挖起抛投至出险地点，施工作业工艺介绍如下。

(一)网片加工

考虑到机械挖、吊、投放石笼时对铅丝强度的要求,特加工两种规格的网片。一种是网纲和网格均采用8号铅丝,另一种是网纲为8号铅丝、网格为12号铅丝。铅丝网片的尺寸为3 m×4 m、4 m×4 m两种,分别用来装抛2 m^3、2.5 m^3 的石料。网片编织机加工网片见图7-9、图7-10。

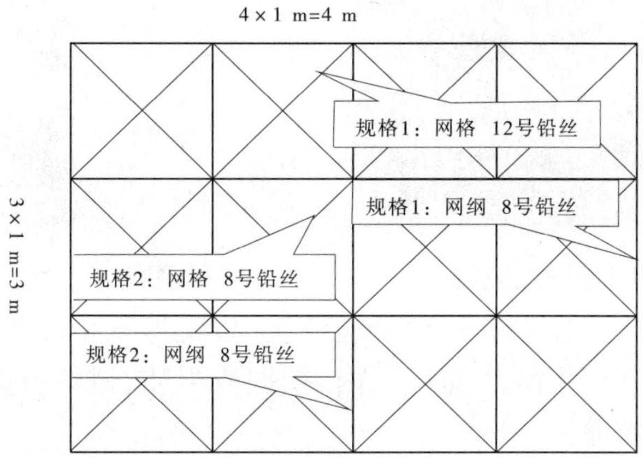

图7-9　3 m×4 m(2 m^3)网片加工尺寸示意图

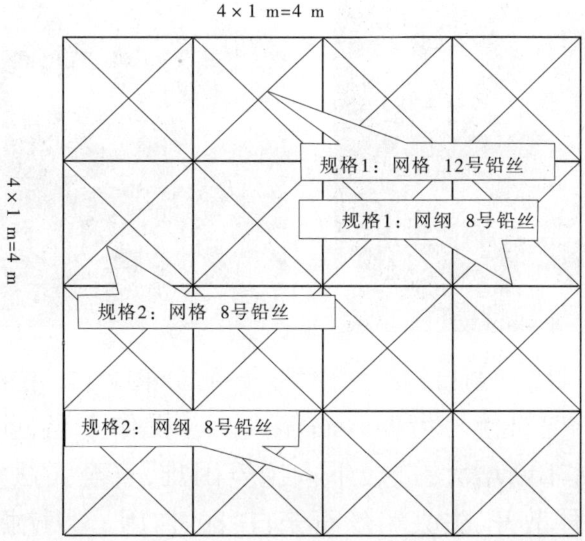

图7-10　4 m×4 m(2.5 m^3)网片加工尺寸示意图

(二)机械装笼、封口

在装笼场地上,由 4 名工人各自拉住网片一个角,将网片拉展平铺(见图 7-11),挖掘机就近将石料装于网片上(见图 7-12)。装笼时,若有少量石块的位置不当,由人工将其搬至恰当位置,然后封口机封口(见图 7-13)。

图 7-11　铅丝网片铺放

图 7-12　挖掘机装笼

在实际操作中,可以根据抢险场地情况,事先挖一个面积为 2 ~3 m^2、深度为 15 ~20 cm 的土坑,将网片铺在坑内,挖掘机再装石料。这种方式既便于封口,又便于挖掘机挖笼。

(三)挖掘机抛笼

挖掘机将装好的铅丝石笼就地抓起(见图 7-14),抛至指定位置。在将石笼抓起、抛投时,挖掘机驾驶员操作机械要缓慢、均匀,挖斗既不能挖走坑内土体,又不能将挖齿翘起,使斗齿插入石笼内。若操作不当,前者会因为每次挖去坑内土体使土坑不断增大,造成下次抛笼困难,直至无法实施;后者会使斗齿插断铅丝,使笼体散开,失去铅丝石笼自身的作用。当挖掘机将铅丝笼挖起后,挖斗轻轻向上,然后放投至险情位置(见图 7-15)。在抢险现场,由于装笼地点与出险位置很近,往往采用挖斗直接推笼的方式抛投(见图 7-16)。

图 7-13　封口机封口

图 7-14　挖掘机抓笼

图 7-15　挖掘机抛笼

图 7-16　挖掘机推笼

二、挖掘机装抛铅丝石笼操作要点

(一)挖掘机装笼操作要点

挖掘机装石时,应将网片铺放在挖掘机作业半径以内,同时使挖掘机在最小回转角度情况下装石,应避免挖掘机铲斗接触铅丝网片,同时铲斗与网片的距离不宜太大,避免石块四处翻滚。在装石作业完成后,挖掘机要对网片上的石料进行大致整理,使之保持相对紧密、稳定的状态。

(二)机械封口机操作要点

机械封口机封口时一般3人组合,2人相对作业,1人传递工具及辅助作业。具体操作要点如下:

(1)装石作业完成后,3名工人开始封口作业,首先将网片折叠,折叠后1人按住网片,另外2人开始封口作业。

(2)为保证安全,在各项准备工作完成后再将封口机连接电源。

(3)在封口时应首先对铅丝网片的四角进行封口,然后封直边。

(4)封口时应将铅丝拧紧,以保证其有足够的连接强度,避免石块松散,同时还不应过度拧丝,防止将铅丝拧断。

(三)挖掘机抓抛作业要点

挖掘机抓抛铅丝石笼分为两种作业方式:带辅爪挖掘机抓抛、不带辅爪挖掘机抓抛。下面对两种作业方式的作业要点分别进行介绍。

带辅爪挖掘机抓抛铅丝石笼作业要点:

(1)挖掘机类型应选用挖斗宽、抓力大的。

(2)挖掘机与石笼的距离要适当,一般以挖掘机斗齿朝地面方向靠近石笼的位置为好。

(3)抓起时斗齿方向始终保持向下,同时操作辅爪收紧,与铲斗共同作用将笼体抓起。

(4)抛投时,笼体应在出险部位上方,距坝坡面0.3~0.4 m,轻轻放斗,同时铲斗稍向前移动,辅爪向后移动,尽量做到同时松放,避免挂破石笼、石块流出。

(5)当一次抛投不到位时,还应利用铲斗和辅爪推笼或拨笼,在推、拨时均应逐渐施力,避免辅爪损坏。

(6)作业过程中主要克服两点:一是笼体受力滑动,二是抓笼导致笼体破裂。

不带辅爪挖掘机抓抛铅丝石笼作业要点:

(1)挖掘机与石笼的距离要适当,一般以挖掘机铲斗平行于地面靠近笼体的位置为好。

(2)抓起笼体时斗齿以10°~20°倾斜下挖,可带少许土,以免笼体受力滑动,当笼体进入抓斗2/3以上时,收斗并抓起。

(3)抛投时,笼体应在出险部位上方,距坝坡面0.3~0.4 m,轻轻放斗,同时铲斗稍向前移动,避免挂破石笼、石块流出。

(4)当一次抛投不到位时,还应利用铲斗推笼或拨笼,在推拨时均应逐渐施力,不可用力过猛。

两种作业方式的区别:带辅爪挖掘机在抓挖石块时挖掘两臂是垂直的,调整好挖掘机停滞位置,大于90°时,辅爪易碰石块,辅爪受力过大会变形扭曲,影响抛石效果。当抓抛铅丝石笼时,辅爪紧贴铅丝石笼边缘。铲斗挖抛笼体不宜用力过猛,以免损坏辅爪。当不带辅爪挖掘机挖抛石笼时,两臂角度应在120°角,铲斗张开平行于两臂,并放于铅丝石笼的外边缘,铲斗与地面向下成10°,缓慢钩石笼底部,当石笼进入铲斗2/3时,向上收铲斗,抓起石笼,抛投出险位置。

(四)指挥人员指挥要点

挖掘机抓抛铅丝石笼时现场指挥的关键是现场人员的安全,主要应注意以下几点:

(1)作业场地应满足装笼、抛投需要。

(2)网片铺放地点应选择在石垛附近,并应尽量靠近出险部位。

(3)应避免人、机同时作业,即挖掘机装石时封口工人应远离,人工封口时机械应停止工作。

(4)指挥人员口令、手势应力求做到清晰、明了。

三、竞赛考评办法

该技术项目竞赛考评办法如表7-6所示。

表 7-6　挖掘机装抛铅丝石笼竞赛评分表

序号	评定内容	评分标准	计量	赋分（注明±）
1	给定分数			200
2	装笼	对料场场地损坏以挖深 15 cm 为标准，每大（小）于 1 cm 扣（加）0.4 分，1 cm 以下不计		
		所用时间，每秒钟赋 -0.1 分	__ s	
3	封口	（1）接缝处每 25 cm 封 1 次，封口后不能有块石从封口处漏出，发现一处超宽缝扣 3 分；每处缝宽每超过标准 10 cm 加扣 2 分 （2）在封口时出现断丝者，每一处扣 5 分		
4	石笼抛投	（1）挖掘机抛投时，要求不得严重损毁装笼现场场地，对场地挖深以 30 cm 为标准，每大（小）于 5 cm 扣（加）3 分；不足 5 cm 者，按比例扣（加）分 （2）在抛投过程中，出现石笼断丝者扣 5 分，在将石笼抓起之后，石笼散开者扣 10 分，不再装笼 （3）抛投时出现漏石者，每漏一块（直径大于 20 cm）扣 2 分 （4）要求抛投大小石笼在相应划线内，否则根据石笼越线程度扣分，石笼越线不大于石笼本身的 1/3、2/3、3/3 时，分别扣 3、5、10 分，完全越线者扣 20 分	越线__ cm	
5	运料、抛投	所用时间，每秒钟赋 -0.1 分	__ s	
6	时间	要求在规定时间 25 分种内完成各项内容，每提前（延后）1 分钟加（扣）6 分，不足 1 分钟者，按比例加（扣）分	__分种	
7	安全	各代表队在竞赛期间务必注意安全，如果出现人员、机械安全事故（人员受伤、因操作失误而造成的机械安全事故等），取消评选资格		
8	最终得分			

第四节　装载机装抛铅丝石笼技术

一、装载机装抛铅丝石笼作业过程

装载机装抛铅丝石笼技术是利用装载机装运石料，抛投至出险地点。该技术可在装载机铲斗内铺设铅丝网片，铲石料入笼，封口后抛投；也可将铅丝网片铺设在地面上用装载机装石入笼，再由装载机运至出险地点抛投。其施工作业工艺介绍如下。

(一)加工网片

根据装载机铲斗的大小,网片尺寸定为 3.6 m×4.2 m,装石体积 3 m^3;采取同人工与挖掘机配合抛投相同的方式时,也可以加工成 3 m×4 m(装石 2 m^3)、4 m×4 m(装石 2.5 m^3)的网片。

(二)铺网片

网片铺设有两种方式:一种是由 2～3 名工人将网片直接铺放在装载机铲斗内,并尽可能使其紧贴铲斗内壁,并将部分网眼挂于铲斗铲齿上,以免在自行装石块时发生褶皱,无法封口(见图 7-17);另一种是将网片直接铺设在出险地点,装载机将石料装在网片上(见图 7-18)。

图 7-17　铲斗内铺装铅丝网片

图 7-18　人工地面铺放铅丝网片

(三)装笼

第一种装笼方法是在石垛距抢险现场有一定距离的位置,将铺好网片的装载机贴着石垛装石料入铲斗,尽可能地装平铲斗,然后将铲斗放平(见图 7-19)。

第二种装笼方法是在抢险现场,装载机装块石于铺设好的网片上(见图 7-20)。

两种装笼方法比较,前者适用于出险地点场面狭小、险情较小时,尤其是根石加固时。优点是在铲斗内直接铺网片,铲石、封口、抛投一步到位;缺点是速度慢。后者适用于出险战线长、险情较大的情况,可以同时在 3～5 个预抛笼位置铺放网片,2～3 人一组,装载机可以满负荷运转,装完一处再装另一处,各处装好后随时用封口机封口,装载机依次将其推入河中,循环作业。其优点是人机流水作业,充分发挥机械的快速性能,抛投速度快;缺点是装载机操作手推笼时操作要小心谨慎,决不能使铲齿直接进入石笼。

图 7-19　装载机贴着石垛装石料入铲斗

图 7-20　装载机装块石于铺设好的网片上

（四）封口

第一种封口方式是由 2 ~ 3 名工人手提封口机将装满石料的网片收起、封口，封口间距尽量保持规范，以免在抛投时开裂、漏石。在电源不便时，采用人工封口（见图 7-21）。

第二种封口方法与挖掘机装抛铅丝石笼方法相同。

（五）抛投

第一种抛投方法是装载机将封口完好的石笼运至指定的抛投地点，尽可能贴近坦坡将其抛投，以免石笼在较高位置跌落重摔，致使网笼开裂、漏石（见图 7-22）。

图 7-21　铅丝石笼封口作业

图 7-22　装载机抛投网笼

第二种抛投方法是装载机铲斗紧贴地面，在铲齿接触到铅丝石笼时，进入地面 3 ~ 5 cm，再向前用力将已封口的石笼推入河中（见图 7-23）。在抛投时为避免铅丝与铲斗缠挂造成铅丝断裂、块石外漏，在坝面推进时应使装载机仅对石笼施加水平推力，使笼体紧贴工程坝面向前推进；装载机在坦石口处下翻铲斗，使笼体紧贴工程坦坡翻滚，滚落河中。

二、竞赛考评办法

装载机装抛铅丝石笼项目竞赛考评办法如表 7-7 所示。

图 7-23 装载机推投网笼

表 7-7 装载机装抛铅丝石笼竞赛评分表

序号	内容	评分标准	计量	赋分（注明±）
一	分值			200
二	装笼	装载机不得对料场场地造成损坏，否则以挖深 15 cm 为标准，每大（小）于 5 cm 扣（加）3 分		
三	封口	（1）封口后不能有块石从封口处漏石（直径大于 20 cm），发现一处超宽缝扣 5 分		
		（2）在封口时出现断丝、松开者，每处扣 5 分		
四	抛投	（1）在抛投时，出现石笼断丝者酌情扣 3 分，石笼散开者扣 10 分		
		要求抛投石笼在划线内，否则根据石笼越线程度扣分，石笼越线不大于石笼本身的 1/3、2/3、3/3 时，分别扣 3、5、10 分，完全越线者扣 20 分	越线__ cm	
五	时间	要求在规定时间 14 分钟内完成各项内容，每提前（延后）1 分钟加（扣）6 分，不足 1 分钟者，按比例赋分	__分钟	
六	打桩	顶桩距地面以上 0.25 ~ 0.3 cm，每超过（或降低）1 cm 扣 2 分；木桩前倾 1 cm 或后倾 3 cm 不扣分，每超过 1 cm 扣 2 分，劈桩扣 3 分，断桩扣 5 分，时间每秒赋 -0.1 分		
七	安全	各代表队在竞赛期间务必注意安全，如果出现人员、机械安全事故（人员受伤、因操作失误而造成的机械安全事故等），取消评选资格		
八	总得分			

注：裁判有权鸣哨暂停代表队比赛进行相关检查，占用时间相应扣除。

第八章　机械化厢枕技术

厢枕是利用大型机械在自卸汽车车厢内装柳秸料和石料,并用绳子捆扎而成的具有防冲固根功能的长方体柳石枕,因其制作后的形状与车厢形状相似,故名厢枕。

厢枕技术是运用少量人工与软料叉车、挖掘机、自卸汽车等大型机械设备配合,结合传统埽工工艺,快速、高效地制作和抛投大体积柳石结合物的筑埽新技术。该项技术首先应设立一处或多处半成品埽体加工厂,然后将其源源不断地送到险情发生地,以解决重大险情因受场地、道路等因素制约和抢护速度难以满足抢险需要的难题。

厢枕与传统埽工取材相同,保持了传统埽工的优越特性,其体积较大,具有较好的阻水护胎功能;其工艺简单,机械化程度高,打破了在险情现场制作的传统模式,使枕体制作场地与抛投场地分离,实现了厢枕制作的快速流水作业,为厢枕的快速抛投创造了条件,减少人力投入,提高了抢险效率,节约了投资。

使用范围:防汛抢险,尤其是水深溜急时能起到很好的稳定固根作用。

第一节　研发背景及应用情况

一、研发背景

黄河下游防洪工程抢险,离不开黄河埽工的运用,尤其是在较大、重大险情的处理上,宜采用推柳石枕、做柳石搂厢等传统方法抢护。由于柳秸料有一定的弹性,所以修成的整个埽体也具有一定程度的弹性,比用散抛石、铅丝石笼更能缓和水流的冲击,加之黄河洪水含沙量大,还会起到缓溜落淤的效果。用于护岸,由于其糙率较大,可以降低水流的纵向流速。用于堵复决口,比用石料更容易闭气。但是,传统筑埽方式受人工、场地、料物运送等条件的限制,施工速度缓慢,往往成为现代工程施工或者抢险诸多环节中的制约因素。随着社会经济的发展,黄河下游防洪工程抢险形势较过去发生了很大变化,一方面是沿黄地区绝大部分青壮年外出打工,导致及时组织青壮年劳力参加抢险十分困难;另一方面是机械化专业抢险队组建以来,装载机、挖掘机、自卸汽车、推土机等大型机械在抢险中的应用越来越广泛，由此缓解了抢险劳力不足的现状，也改变了过去采用人海战术抢险、人员超强体力消耗、抢险效率低下等落后局面。

在此情况下，以河南黄河河务局防汛办公室副主任高兴利为主的研究团队经过深入研究和不懈探索，对传统的抢险作业方法进行了改进，研发成功了厢枕、柳石搂厢、柳石混杂和层柳层石等机械化操作技术。利用大型机械进行作业的机械化筑埽新技术，使传统筑埽技术有了新的突破，为黄河工程险情的高效抢护立下了汗马功劳。

研究过程中，为了掌握厢枕沉降的运动特点，依据埽体作用建立数学模型，进行了力学特性分析和数值模拟计算，同时进行了厢枕抛掷沉降的水槽概化模拟试验研究。

根据模型试验成果，结合黄河工程抢修，分别在顺河街控导工程和王庵上延工程进行了厢枕原型应用试验。2004 年，在顺河街工程水中进占施工时，尝试应用的厢枕进占方案未获成功；2005 年，在王庵工程施工时，进占后采用厢枕护埽加固的方案，获得圆满成功。

二、王庵工程厢枕技术应用情况

2004 年黄河调水调沙期间，大宫至王庵河段由于主溜坐湾形成畸型河势（见图 8-1），至汛后，畸型河势不断发展，危及王庵工程和滩区群众的安全，形

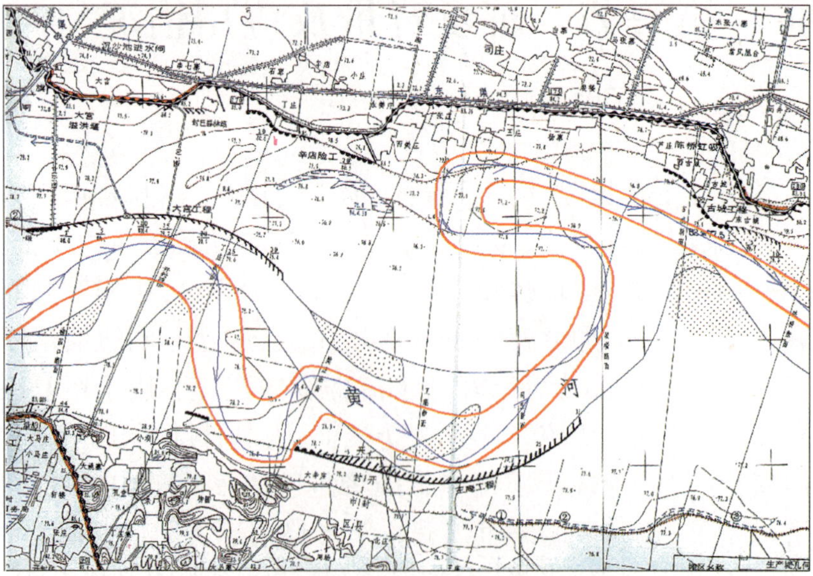

图 8-1　王庵工程河势

势极其严峻。

2005 年 5 月,为确保调水调沙顺利开展及安全度汛,黄委会批复同意抢修王庵上首工程。

根据批复要求,河南黄河河务局迅速制订了抢修王庵控导工程 -30 ~ -25垛的防护方案。其中, -27 ~ -25 垛为水中进占结构(见图 8-2)。整个工程施工从5 月25 日下午开始,到6 月5 日全部竣工,共完成柳石厢枕12 491 m^3,柳石搂厢进占断面图如图 8-3 所示。

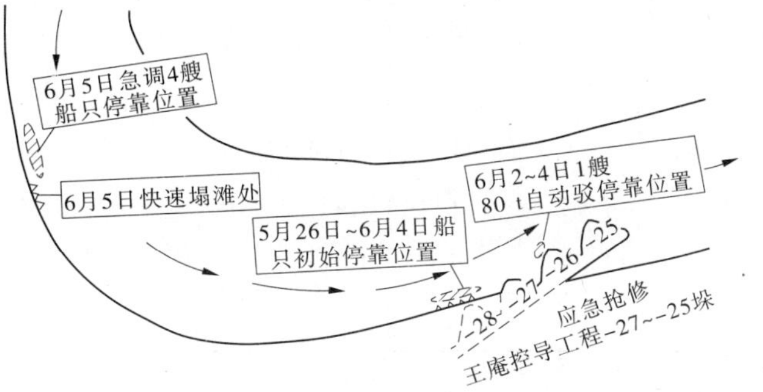

图 8-2　-27 ~ -25 垛布置图

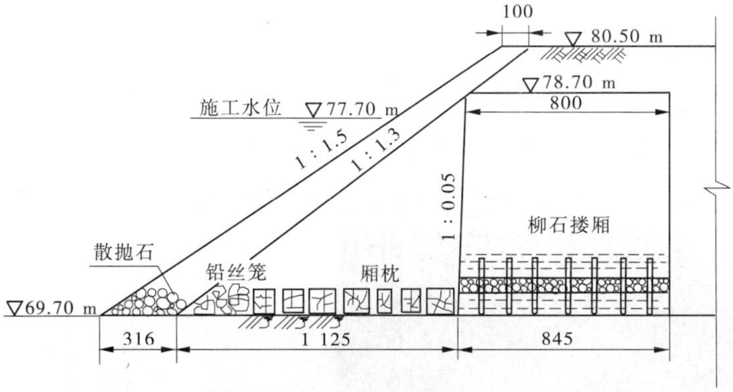

图 8-3　柳石搂厢进占断面图　(单位:cm)

该工程由 10 余部大型机械、15 名高级技师以及技师参加施工,全部实现了机械化操作,成功地实践了叉车运送柳秸料、机械制作厢枕固根、机械修筑传统结构埽工等多项新技术,极大地提高了施工效率。

据施工现场统计,1 台挖掘机、1 台叉车、5 台自卸汽车和 15 名工人以流水作业方式配合可在 15 分钟内完成 18 m^3(4. 5 m×2 m×2 m)厢枕制作,在 8 小时内可完成 576 m^3 埽体;若全人工捆抛柳石枕,300 名工人(其中 260 人拉柳运石)在 8 小时内仅能完成 100 m^3 埽体,而人工捆抛枕的人工费是厢枕技术操作中人工和机械费用的 3. 7 倍。厢枕制作与人工捆抛柳石枕费用及工效比较如表 8-1所示。

表 8-1　厢枕制作与人工捆抛柳石枕费用及工效比较

项目	种类	种类单位	数量	单价	单价单位	合计(元)	效率
人工捆抛柳石枕						5 362. 24	100 m^3/8 h
捆抛枕人工费	工长	工日	2	39. 28	元/工日	78. 56	
	技工	工日	18	30. 96	元/工日	557. 28	
	民工	工日	20	16. 88	元/工日	337. 6	
运柳运石费用			260	16. 88	元/工日	4 388. 8	
厢枕制作和抛投						8 223. 4	572 m^3/8 h
机械费用	挖掘机	台班	1	1 134. 8	元/台班	1 134. 8	
	叉车	台班	1	1 457. 9	元/台班	1 457. 9	
	自卸汽车	台班	5	1 008. 3	元/台班	5 041. 5	
人工费用	人工	工日	15	39. 28	元/工日	589. 2	

注:不计材料费。

第二节　厢枕制作基本步骤

一、铺绳

制作厢枕首先在自卸汽车箱内铺绳,纵向 2 根、横向 3 根,并用练子绳连接(见图 8-4),一是固定大绳的结构需要,二是防厢枕漏石。

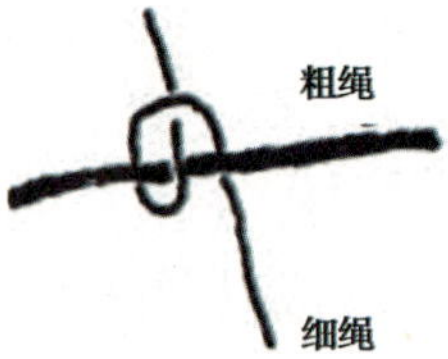

图 8-4　铺绳

二、填料并捆绳

一般是用挖掘机加装辅爪进行上料,最初辅爪装置是由孟津黄河河务局职工武铁生研制的,后由惠金黄河河务局进行了改造、定型。挖掘机上底坯软料，挖斗将中间部位揌压、拨开成凹状，填腹石 3～4 斗，上顶坯软料，用挖斗揌压顶坯软料并扫边，人工用小斧粗修边，将纵横铺底绳收回并捆紧（见图 8-5～图 8-7）。

图 8-5　填料

图 8-6　揌压整理

三、出留绳

每个厢枕出留绳 2～3 根。一般情况下，留绳多直接拴系在厢枕上面捆枕绳交结处。在水深溜急等情况下，根据实际需要，可在厢枕内设骑马桩出留绳（见图 8-8）。

图 8-7　捆绳

图 8-8　出留绳

四、设置根桩

厢枕制作完成后，自卸汽车运至抛放部位，在抛放位置适当设置根桩（见图 8-9）。厢枕用于一般固根时，上下游各设一棵根桩。用于护埽时，埽体上口设两棵根桩、下口设一棵根桩。将厢枕留绳分别拴系在根桩上，然后自卸汽车卸放厢枕（见图 8-10）。

五、厢枕入水

自卸汽车在大溜顶冲河段抛厢枕时，由于厢枕体积较大，一般不宜直接将

图 8-9　根桩设置

图 8-10　自卸汽车放料

厢枕卸放在急溜中，主要是防止厢枕入溜在还没有贴到坡面时，因受到水流较大冲击力而将留绳拉断。最好是将厢枕卸放在水面之上岸边部位（见图 8-11），再用挖掘机将厢枕推拨（见图 8-12）到准确位置入水（见图 8-13）。

图 8-11　厢枕岸边堆放

图 8-12　挖掘机推拨厢枕

六、整理厢枕

厢枕入水半漂浮，用挖掘机将其搂回岸边，拍打、摁压、整形，使其紧贴坡面，停放在准确位置。自卸汽车卸放厢枕、挖掘机整理厢枕位置的整个现场作业快速、协调（见图 8-14）。

图 8-13　厢枕入水

七、松放、拴系留绳

自卸汽车卸放、挖掘机整理厢枕位置时，要根据厢枕的入水情况松放、拴系留绳（见图 8-15），使留绳起到牵系厢枕不被水流冲走、固定在准确位置不偏离的作用。

八、逐个厢枕叠压固根

同一部位第二个厢枕压在第一个厢枕上，同样用挖掘机推拨摁压厢枕，同

图 8-14　整理厢枕

图 8-15　松放、拴系留绳

时松放、拴系留绳。受到第二个厢枕重压而完全入水下沉的第一个厢枕，其留绳需松放更多。根据水深情况依次投压第三、第四个厢枕，直至最下边也就是第一个厢枕着河底，最后一个厢枕露出水面，即厢枕到位、留绳系牢，则一个部位的厢枕固根宣告完成（见图 8-16）。

一般水深 3 m 推放一个厢枕即可；水深 3 ~ 5 m 需要推放 2 个厢枕；水深 6 ~ 8 m 需要推放 3 ~ 4 个厢枕；水深达到 10 m 时需要推放 5 个厢枕。

九、软柳散填盖顶

厢枕固根完成后，需在最上部厢枕的顶面及其与相邻厢枕之间的间隙部位用叉车散填软料，然后再用挖掘机、装载机抛石或者自卸汽车直接卸石压软料（见图 8-17），在厢枕体外实施抛石、抛笼墩固根。散填软料起到保护厢枕捆枕绳和留绳在抛石固根时不被砸坏的作用。

图 8-16　厢枕叠压

图 8-17　散石压料

厢枕抛投注意事项：①厢枕漏石问题：如果厢枕制作、捆绑的质量不够好，在自卸汽车卸放厢枕、挖掘机整理厢枕位置时，会有漏石现象。②一般漏石及枕体不能捆紧现象对厢枕固根作用的发挥影响不大；如果是较严重的漏石，将造成厢枕漂浮,此时,采用挖掘机抓抛1~3铲斗散石或1个铅丝石笼,放至厢枕上边压重即可。

厢枕体积主要取决于自卸汽车厢的大小,利用一般大型自卸汽车制作单个厢枕体积约18 m^3(4.5 m×2.3 m×1.8 m)。厢枕体积大,有一定的柔性,可变形,护胎固根作用极佳。

挖掘机装软料不如装载机装软料快捷便利,但挖掘机能很方便地摊拨、摁压、整理软料,装载机则做不到。挖掘机给厢枕添腹石,每个仅需要装3满斗,一般装3~4斗即可,也较方便快捷。

制作厢枕可以用铅丝代替各种麻绳。用铅丝捆厢枕应更为密实,也更经济实用。如何利用铅丝捆厢枕,需要附以何种工具设备,这是厢枕制作需要进一步试验的内容。

厢枕固根技术实体试验,在水深不超过12 m、流速不超过2.5 m/s的条件下获得成功。

第三节　机械化厢枕操作要领

一、铺绳要领

铺绳应均匀,绳子长度应足够长,若长度不够,应及时接绳,根据需要顺车厢四周捆一圈练子绳。

二、装柳秸料要领

装料前应首先将柳秸料理顺,以便于装厢,装厢时应遵循先两端、后中间的原则,并摁压密实,防止漏石。

三、装块石要领

底坯软料装完后,用挖斗将中间部位摁压、轻轻拨开成凹状,同时还应保证装石部位下面有足够厚的柳秸料,随后填腹石3~4斗。

四、封顶要领

上顶坯软料时一定要将石料盖严,上完顶坯软料后用挖斗摁压密实并扫边,人工用小斧粗修边。

五、捆厢枕要领

将纵、横铺底绳收回并捆紧,同时应采取措施防止捆枕绳挂车,影响卸车效果。

六、抛投要领

抛投厢枕时应指挥到位,一般自卸汽车先将厢枕卸至岸边,再由挖掘机整理厢枕位置。自卸汽车卸车时应保持车厢匀速缓慢升起;挖掘机整理厢枕时用力应均匀,逐步施力,且不可用力过猛导致块石外漏。

七、松紧留绳固根要领

松留绳时应使厢枕缓慢、均匀下沉,直至厢枕到位,然后拴紧留绳,使留绳起到牵系厢枕不被水流冲走和固定在准确位置不偏离的作用。

第四节　挖掘机配合自卸汽车装抛厢枕的考核评比

机械化制作厢枕技术作为竞赛项目比赛时的考评标准及赋分表如表 8-2 ~ 表 8-4 所示。

表 8-2　挖掘机装厢枕赋分表

序号	评定内容	评分标准	计量	赋分（注明 ±）
1	给定分数			100
2	准备阶段	裁判示意开始之前,私自操作挖掘机、自卸汽车者,每种设备扣 5 分(发动点火除外)		
3	铺软料	第一坯软料和第二坯软料厚度基本相同,不同者酌情扣 2 ~ 3 分	扣__分	
	装块石	将所有块石全部装完,每剩余 1 块(直径大于 20 cm)扣 1 分	剩余__块	
	盖软料	软料盖匀,顶部保持平整,是否有撒料现象和厢枕的饱满程度及外观,酌情扣 2 ~ 5 分	扣__分	
	以上 3 项	所用时间,每秒赋 -0.1 分	__s	
	装料	对料场场地损坏以挖深 15 cm 为标准,每大(小)于 1 cm 扣(加)0.4 分,1 cm 以下不计		
4	安全	各代表队在比赛期间务必注意安全,如果出现人员、机械安全事故(人员受伤、因操作失误而造成机械安全事故等),取消成绩		
5	最终得分			

表 8-3　挖掘机配合自卸汽车装抛厢枕赋分表

序号	评定内容	评分标准	计量	赋分（注明 ±）
1	给定分数			200
2	准备阶段	裁判示意开始之前，私自操作挖掘机、自卸汽车者，每种设备扣 5 分（发动点火除外）		
3	铺绳	要求铺绳均匀，节点数量符合要求，拴法正确。铺绳不匀视情扣 3 ~ 5 分；22 个节点，拴法错误一个扣 1 分	铺绳不匀扣__分；拴法错误__处	
4	铺软料	第一坯软料和第二坯软料厚度基本相同，不同者酌情扣 2 ~ 3 分	扣__分	
5	装块石	将所有块石全部装完，每剩余 1 块（直径大于 20 cm）扣 1 分	剩余__块	
6	盖软料	软料盖匀，顶部保持平整，是否有撒料现象和厢枕的饱满程度及外观，酌情扣 2 ~ 5 分	扣__分	
7	装料	对料场场地损坏以挖深 15 cm 为标准，每大（小）于 1 cm 扣（加）0.4 分，1 cm 以下不计		
8	捆绳	8 个绳扣按照要求拴系，每错一处扣 2 分	错__处	
9	打桩	不计分		
10	停车	自卸汽车停车前后位置以车轮竖直轴线指向为准，后两轮均以距边线 5 ~ 20 cm 为标准位置，小于 5 cm 视为事故，扣 20 分，大于 20 cm，每 1 cm 扣 0.4 分，1 cm 以下不计	距标准位置__ cm	
		自卸汽车停车左右位置以车轮竖直轴线指向为准，后两轮外边缘以距左右划线距离相等（20 cm）为标准位置，每偏离 1 cm 扣 0.6 分，1 cm 以下不计；偏离大于 20 cm 扣 20 分，停车不到位，每调整一次扣 5 分	偏离标准位置__ cm	
11	拴留绳	留绳按照指定的节点与对应的桩连接，每错一处扣 4 分	错__处	
12	抛投	绳扣开一处扣 3 分，出现漏石酌情扣 5 ~ 8 分，入水情况酌情扣 3 ~ 5 分	绳扣开__处；漏石扣__分	
13	时间	只计铺绳、装料、铺料、捆绳时间，两车厢枕总时间给定 40 分钟，每提前（或延后）1 s 加（扣）0.1 分	__ s	
14	安全	各代表队在比赛期间务必注意安全，如果出现人员、机械安全事故（人员受伤、因操作失误而造成机械安全事故等），取消成绩		
15	最终得分			

注：裁判有权鸣哨暂停代表队比赛进行相关检查，占用时间不计入比赛时间。

表 8-4　自卸汽车装抛厢枕赋分表

序号	评定内容	评分标准	计量	赋分（注明±）
1	给定分数			100
2	准备阶段	裁判示意开始之前，私自操作挖掘机、自卸汽车者，每种设备扣 5 分（发动点火除外）		
3	停车	自卸汽车停车前后位置以车轮竖直轴线指向为准，后两轮均以距边线 5～20 cm 为标准位置，小于 5 cm 视为事故，扣 20 分，大于 20 cm，每 1 cm 扣 0.4 分，1 cm 以下不计	距标准位置__ cm	
		自卸汽车停车左右位置以车轮竖直轴线指向为准，后两轮外边缘以距左右划线距离相等（20 cm）为标准位置，每偏离 1 cm 扣 0.6 分，1 cm 以下不计；偏离大于 20 cm 扣 20 分，停车不到位，每调整一次扣 5 分	偏离标准位置__ cm	
	抛投	绳扣开一处扣 3 分，出现漏石酌情扣 5～8 分，入水情况酌情扣 3～5 分	绳扣开__处；漏石扣__分	
	运料、抛投	自卸汽车运料和抛投所用时间，每秒赋 -0.1 分	__ s	
4	安全	各代表队在比赛期间务必注意安全，如果出现人员、机械安全事故（人员受伤、因操作失误而造成机械安全事故等），取消成绩		
5	最终得分			

厢枕布绳结构如图 8-18 所示，节点分布如图 8-19，节点连接如图 8-20～图 8-23 所示。厢枕外观如图 8-24 所示。

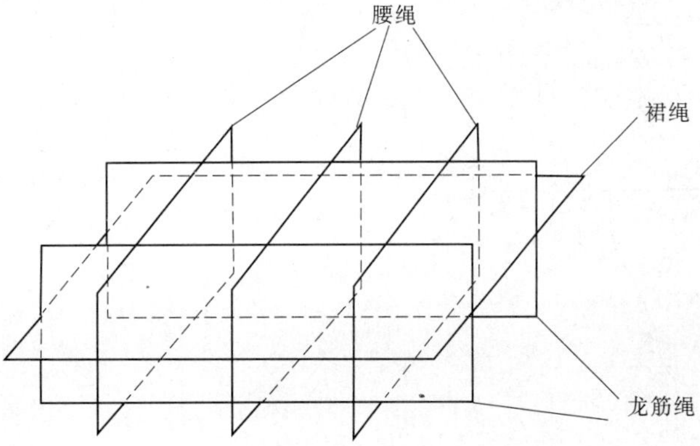

图 8-18　厢枕布绳结构示意图

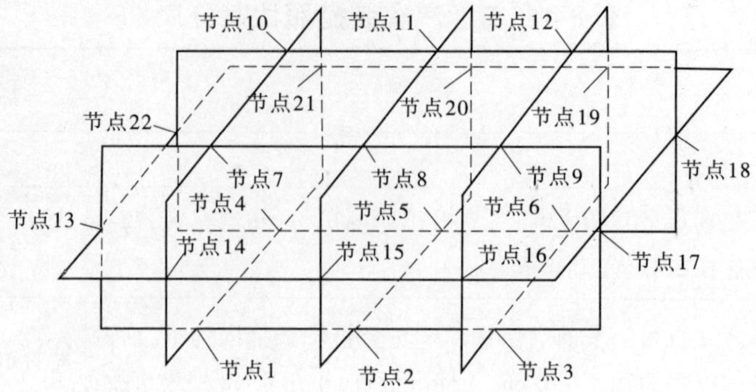

图8-19　节点分布示意图

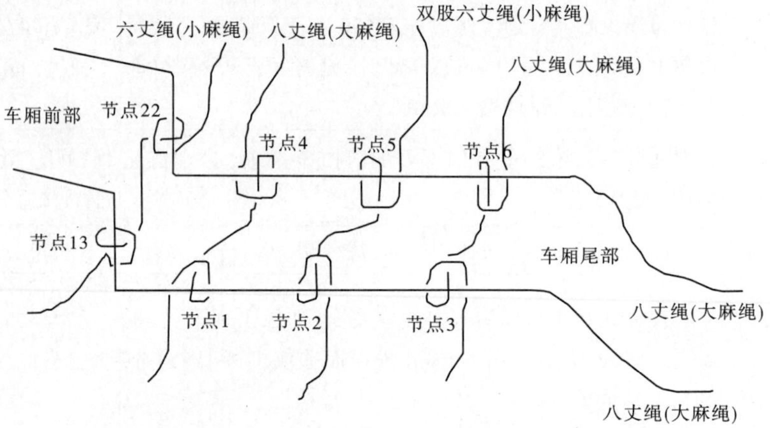

图8-20　节点1～6、13、22连接方法示意图

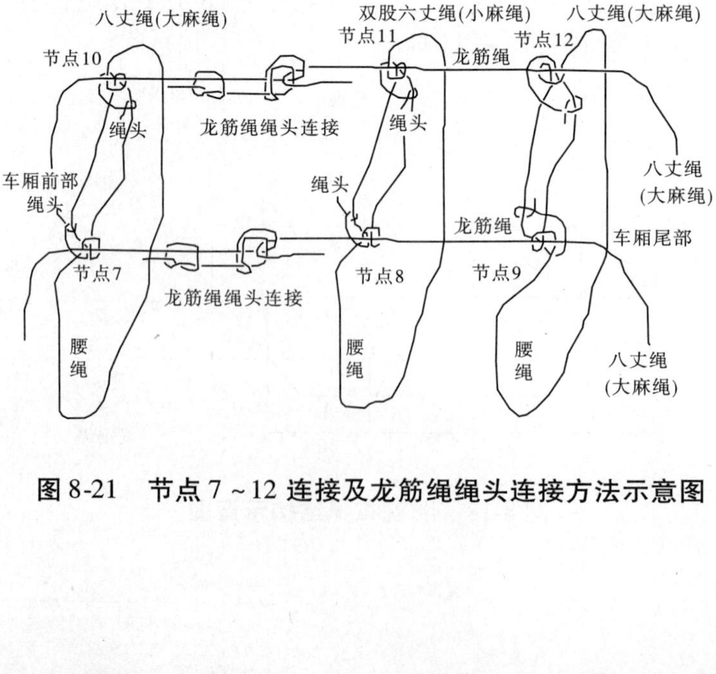

图8-21　节点7～12连接及龙筋绳绳头连接方法示意图

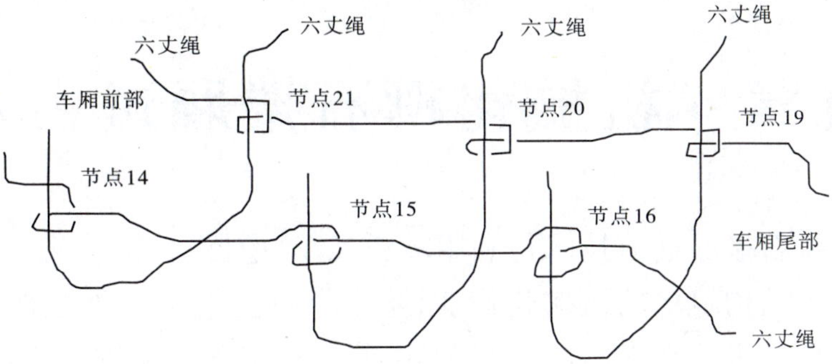

图 8-22　节点 14～16、19～21 连接方法示意图

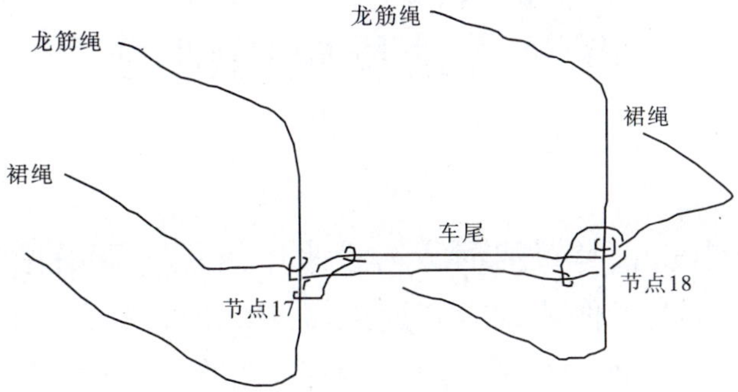

图 8-23　节点 17、18 连接方法示意图

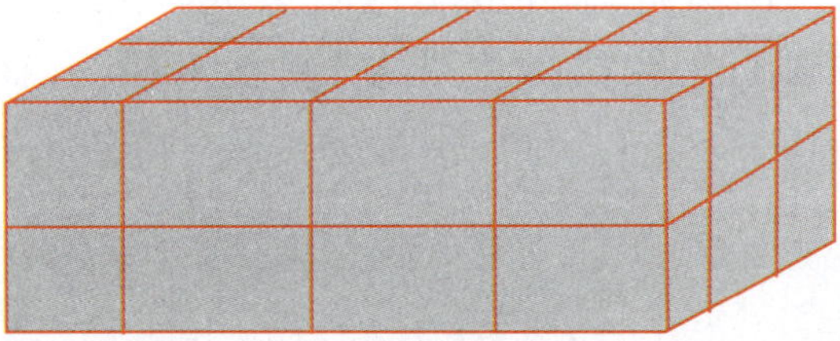

图 8-24　厢枕外观示意图

第九章　机械化柳石搂厢进占技术

机械化柳石搂厢进占技术是利用软料叉车、挖掘机、装载机、自卸汽车、推土机实现传统结构筑埽的机械化作业，除去布桩拴绳工序外全部实现机械化操作。柳石搂厢进占常常与厢枕配合，由厢枕护埽逐步推进。

使用范围：防汛抢险堵口、应急工程施工及河道整治工程水中进占施工。

第一节　机械化柳石搂厢进占技术研发背景及应用情况

一、研发背景

传统柳石搂厢进占，是黄河河道工程水中筑坝一直沿用的较为有效的进占方法，但是其单靠人工作业的方式速度慢、效率低，常会贻误进占最佳时机，已经不能适应快速、高效的抢险需要。因此，在传统黄河埽工进占工艺基础上，大力推进其机械化作业程度，提高抢险效率、降低抢险费用成为当务之急。在此背景下，河南黄河河务局结合多年抢险实战开展了利用大型机械设备结合传统搂厢工艺的“柳石搂厢机械化进占”新技术研究，解决了防汛抢险和河道工程应急施工仅用大量人工运料、进埽速度慢的问题，充分发挥机械化快速搂厢进占性能。

二、应用情况

该技术在顺河街、王庵等工程进行了成功运用。

机械化修筑传统结构埽体的实践，于2005年5月在应急抢修王庵－27～－25垛时实施。当时工程迎顶大溜，采用大型机械柳石搂厢进占、厢枕护埽，施工取得圆满成功。

2005年5月，为保证调水调沙工作的顺利开展，保证滩区人民群众生命财产安全，黄委会要求在汛前完成王庵工程上首的抢修任务。当时时间紧、任务重，若采用传统人工进料、搂厢进占，将难以完成工程抢修任务，给调水调沙和防汛工作造成重大影响。河南黄河河务局工程抢修技术指导高兴利提出了利用大型机械进行搂厢进占、抛厢枕护埽的作业方案。

柳石搂厢埽面有技术工人 14 名(包括 2 名指挥),叉车 3 部、挖掘机 1 部专用于做埽,另有装载机、自卸汽车、推土机协助。机械修筑传统结构埽体仍然使用搂箱船和桩绳,以保持传统埽工结构不变。运用机械修筑传统结构埽体,技工布桩拴绳,运送柳秸料、摊拨摁压柳秸料、埽面整理、埽内填石、打桩等工序全部实现机械化操作,极大地提高了筑埽速度和施工效率,工程施工从 5 月 25 日下午开始,到 6 月 5 日全部竣工。

三、应用效益

王庵 -27 ~ -25 垛采用机械化作业的筑坝方式,整个工程仅 10 天时间就完成了水中进占的筑坝任务。3 个垛平均水深 8.0 m,最大水深 11.9 m,抢筑埽体 27 000 m^3,使用软料 486 万 kg,仅此一项靠人工完成筑坝任务至少需要 50 天时间。若全部用人工拉柳、进占完成同体积埽体,按照每天 16 小时工作时间折算,300 人工(分 3 个作业面,180 人拉柳、120 人进占)需要 55 天才能完成。从两种进占方式费用(不计材料费)比较可以看出(见表 9-1),进占相同体积的埽体,全人工进占 27 000 m^3 需 53.6 万元,而采用机械进占仅为

表 9-1　机械筑埽进占与人工进占费用比较

项目	种类	种类单位	数量	单价	单价单位	合计(元)	说明
人工进占						536 284.8	
进占费用						262 828.8	进占 27 000 m^3
	工长	工时	16	4.91	元/工时	78.56	每 100 m^3 耗人工费
	技工	工时	144	3.87	元/工时	557.28	
	民工	工时	160	2.11	元/工时	337.6	
拉柳运石						273 456	按照 180 人工 45 天完成
机械进占						192 888	10 天进占 27 000 m^3
人工费						18 189.6	
	工长	个	2	4.91	元/工时	1 178.4	10 天 ×12 工时/天
	技工	个	23	3.87	元/工时	10 681.2	同上
	民工	个	25	2.11	元/工时	6 330	同上
机械台班费						174 698.4	
	挖掘机	台时	2	141.85	元/台时	34 044	10 天 ×12 台时/天
	装载机	台时	2	182.24	元/台时	43 737.6	同上
	自卸汽车	台时	5	126.04	元/台时	75 624	同上
	推土机	台时	1	152.44	元/台时	18 292.8	同上
	搂厢船	只	1	300	元/天	3 000	10 天

注:不计材料费。

19.3 万元，约为人工修筑费用的1/3，同时采用机械进占省去大量桩绳的材料费用。由此看出，采用机械进占较全人工进占工效是显而易见的。

机械修筑传统结构埽体实现了快速进占，在水流淘刷河底之前抢占了先机。水流将河底刷深是需要时间的，机械修筑传统结构埽体不等河底刷深就进占到底，使得水流来不及冲刷。用机械修筑传统结构埽体进占抢修工程要一鼓作气，不能停顿，一停顿河底即被刷深，增加施工难度、延长工期、增加工程造价。机械修筑传统结构埽体为快速进占提供了有力的施工技术支持，其效益是易见而又巨大的。

第二节　机械化柳石搂厢进占施工步骤

(1)布船、铺设底勾绳、练子绳(见图9-1)。

(2)叉车运送柳秸料。每坯柳秸料由叉车运送(见图9-2)，利用叉车的高工效，每坯柳秸料都较人工筑埽多2～4倍，大量柳秸料堆积，并整体推移向前，向下摁压。叉车改变了传统人工抱柳的局面，3部叉车效率高于600名抱柳民工的工效。

图9-1　底勾绳、练子绳铺设

图9-2　叉车运送柳秸料

(3)挖掘机整理埽面。挖掘机摊拨、摁压叉车运来的柳秸料，整理埽面(见图9-3)。

(4)自卸汽车、挖掘机、装载机埽内填石。埽内填石(见图9-4)作业方式一般分为两种：一是自卸汽车运石至埽根，挖掘机勾填；二是装载机运石填埽。

(5)挖掘机打桩。埽面家伙桩人工布桩(见图9-5)，用挖掘机打桩。挖掘机打桩(见图9-6)轻便、快捷，运用自如，极大地提高了打桩速度，将人工从打桩的重体力劳动中解放出来。挖掘机的运用使打桩效率大大提高，过去埽面人工打桩需要80分钟左右，现在挖掘机只要5～10分钟即可完成。

图 9-3 埽面整理

图 9-4 埽内填石

图 9-5 人工布设家伙桩

(6)拴绳。根据埽面家伙桩布局(一般情况下埽面家伙桩常用连环五子或扁七星)按照黄河埽工拴绳方法进行作业。

(7)挖掘机、自卸汽车、推土机、装载机完成埽面压土。挖掘机挖抛盖压(见图9-7)、自卸汽车卸放(见图9-8)、推土机或装载机推土盖压(见图9-9)。挖掘机将土均匀摊平、填补缺土的空白处,并快速、全面、密实夯打(见图9-10),装载机也可以搋压埽面虚土,使其平坦而又密实。

图9-6　挖掘机打桩

图9-7　挖掘机埽面压土

图9-8　自卸汽车埽面上土

图9-9　推土机埽面压土

(a)　(b)

图9-10　埽面整平压实

(c)

(d)

续图 9-10

第三节　机械化柳石搂厢操作要领

现场指挥人员及机械操作手应具备的基本素质:具备指挥和机械操作的基本技能,心理素质较好,遇事沉着冷静。

一、现场指挥

根据搂厢施工工艺合理安排抢险现场,机械停放位置尽可能与抢险人员分开布置,现场无闲杂车辆,保证运料机械畅通,机械停放位置以不影响抢险作业为宜,指挥口令、手势简单明了;在搂厢进占时应安排适当的厢枕待命,保证进占过程中做到随时抛枕护厢。若遇较大险情,所需人员、机械、料物较多,一般料场与抢险现场相距较远,此时,为保证抢险工作的统一指挥协调,应设两级指挥,即进占作业面和料场由各自指挥员分别指挥,同时进占作业面和料场均接受指挥员的统一指挥。抢险现场科学指挥的衡量标准为人机分开,秩序井然,无怠工机械、人员。

二、挖掘机手操作要点

熟悉挖掘机的各项性能指标,能够充分利用机械性能熟练地在埽面上进行抓、拨、摁压柳、石等施工作业,在最短的时间内将埽面整理平整、密实,使石料在埽面上均匀分布;作业时施力应均匀、逐步施压,抓石压柳时应根据柳秸料下沉情况压盖,尽可能做到铺料均匀,同时应注意作业安全;打桩技术要过硬,打桩时应保证挖掘机铲斗底部水平、在竖直方向均匀施加压力,以保证木桩稳步、竖直下沉,木桩无法打入时,说明下面有坚硬物体,应及时变更打桩位置。

三、软料叉车手操作要点

能熟练掌握叉车性能,迅速收集、叉装、运送柳秸料。叉装时为保证柳秸料的整齐,叉齿应尽量贴近地面进行叉装作业,尽量一次性叉装满斗,进而使铲斗逐渐上翻,待铲斗内柳秸料稳定后操作铲斗臂逐渐抬高,并尽量使柳秸料保持理顺。在运送过程中应特别注意运输安全,卸料时应保持作业稳定,应按照指挥员要求一次性卸料到位,卸料高度不宜过高,卸料后应迅速撤离,保证后续车辆通行。

四、推土机手操作要点

熟练运用推土机的各种操作技术,服从现场指挥,不误工时,在推土过程中应保持一定的土坯厚度,稳步向前推进,并应自埽面中部推起,逐步向搂厢两侧及前部推进,推土的同时还应注重对已铺土料的碾压,保持土料密实,作业时要注意安全。

第十章　机械化柳石筑埽技术

第一节　机械化柳石混杂筑埽技术

机械化柳石混杂筑埽技术是利用大型机械将柳秸料、块石直接混杂掺搅入水，避免了应用搂厢船以及传统埽工打桩拴绳等烦琐环节，节约了大量的人力、物力，速度快、效果好，是一项成功的机械化筑埽进占技术。

使用范围：防汛抢险、水流流速小于 1 m/s 或逆水进占等情况。

一、研发背景及应用效益

（一）研发背景

传统筑埽技术在黄河防洪抢险过程中发挥了巨大作用。近年来，随着小浪底水库的运用，在“控制流量”长时间下泄情况下，下游局部河段常出现险恶河势，很容易酿成重大险情。例如，2003 年秋汛期间，河南黄（沁）河河道工程共出险 3 763 次，其中 253 次险情运用黄河埽工抢险，抢险、抢修消耗柳秸料总计 2 626.6 万 kg，用去 9.79 万个工日，占总工日的 40.5%，成为抢险工日消耗的主要部分。因此，在新形势下如何减小人工筑埽劳动强度、提高抢险效率，已成为迫切需要解决的问题。为解决这一问题，满足黄河工程抢险高强度、高效率的需要，在保持传统黄河埽工主要工艺的基础上，河南黄河河务局结合多处工程抢修、抢险实践，与现代大型机械相结合，研究了人机配合“柳石混杂机械化筑埽”这一新技术。

柳石混杂机械化抢险技术最早在 2003 年顺河街工程抢险中使用，起到了很好的效果。2005 年调水调沙期间，应用于原阳马庄潜坝、封丘顺河街潜坝重大险情抢护。

（二）应用效益

2005 年 6 月 24 日，原阳马庄潜坝中段 0 + 078 ~ 0 + 170 全部墩蛰入水（坝体总长 200 m），出险长度达 92 m。出险范围内，潜坝坝身全部墩蛰入水（见图 10-1），并在潜坝背水侧滩地内形成一个长 95 m、宽 40 m 的回溜区。坝前水深 8 m，出险体积达 10 440 m^3。

该险情的抢护是在出险部位两端相向筑埽进占。此种机械筑埽方式为柳石直接混杂掺搅入水即可，省却了传统埽工打桩拴绳等烦琐环节以及搂箱船。柳石混杂掺搅筑埽进占是大型机械应用于传统埽工带来的新技术，节约了大量的人力、物力，速度快、效果好，是一项成功的技术。

图 10-1　2005 年 6 月原阳马庄工程险情现场

据现场统计，2 台推土机、2 台叉车、1 台装载机和 15 名工人配合，利用柳石混杂技术在 24 小时内完成埽体抢护体积 5 440 m^3，是 300 名工人搂厢技术抢护速度的 2.6 倍以上，而投资仅为其 1/5，详见表 10-1。

表 10-1　柳石混杂技术与人工柳石搂厢费用及工效比较

项目	种类	种类单位	数量	单价	单价单位	合计(元)	体积(m^3)	耗时(h)
人工柳石搂厢						5 662.24	690	8
人工捆枕	工长	工日	2	39.28	元/工日	78.56		
	技工	工日	18	30.96	元/工日	557.28		
	民工	工日	20	16.88	元/工日	337.6		
	搂厢船	只	1	300	元/台班	300		
人工运柳运石	民工	工日	260	16.88	元/工日	4 388.8		
机械化柳石混杂技术						23 106	5 440	24
机械费用	推土机	台班	2	1 219.5	元/台班	7 317		
	叉车	台班	2	1 457.9	元/台班	8 747		
	装载机	台班	1	1 457.9	元/台班	4 374		
人工费用	人工	工日	15	39.28	元/工日	1 768		

注：不计材料费。

二、机械化柳石混杂筑埽施工流程

(1)用装载机改装的叉车运送软料至占体前端铺放(见图 10-2)，用自卸汽车或装载机运石进行盖压(见图 10-3、图 10-4)，叉车再运散柳盖压散石，自卸汽车或装载机再卸放散石盖压散柳，一车软料一车散石相互叠压堆放施作。柳石混杂总体效果如图 10-5 所示。

(2)每 2 ~3 车软料、散石堆放完毕后，已在占体前端形成较高且柳石斜向分层的柳石混合体(见图 10-6)。

图 10-2　柳秸料铺设

图 10-3　自卸汽车运石

图 10-4　装载机运石

图 10-5　柳石混杂总体效果

(3)此时推土机自柳石混合体半高处逐步前推,使混合体上半部柳石得到较好掺搅(见图 10-7),并翻滚堆放至占体前端。

图 10-6　占体前端柳石混合体

图 10-7　推土机推运、掺搅混合体

(4)然后推土机再返回将柳石混合体下半部逐步前推,使下半部柳石较好掺搅,并在占体前端与掺搅后的上半部柳石相叠加。

(5)推土机继续前推得到掺搅相互积压的柳石混合体,先从上部推起,然后下部,使柳石相互缠交,连为一体的柳石混合体滚爬入水(见图 10-8),占体向前进展。

(6)最后在新进的占体表面覆土盖压,形成继续进占的平台(见图 10-9)。

柳石混杂掺搅筑埽进占要注意柳石搭配的比例。一般情况下,柳石比为

图 10-8　柳石混合体入水

图 10-9　覆土压盖占体

5∶2，若柳多石少，柳石混合体不密实，入水不下沉，难以及早、较好地滚落河底，容易在水流冲击下整体流失。石多柳少，柳石混合体不能较好地缠交连系，整体性差，入水后易出现柳石分离，造成石块沉没河底、柳秸料随水流失的局面，起不到应有的作用。

柳石按一定比例混杂掺搅是很合理的搭配，柳石可有机结合为一体。柳连系、缠交、缓流，散乱的石块通过柳缠搅在一起，不被冲失。柳裹石、石压柳，相互交织、互为利用。柳闭气，石给柳配重，使柳石混合体更加密实，缠搅更加紧密，入水不漂浮并抓河底。

三、机械化柳石混杂筑埽操作要领

（1）机械指挥手要根据现场实际情况，合理指挥各种料物机械。机械停放位置以不影响抢险作业为宜，尽可能与抢险人员分开布置，现场无闲杂车辆，保证运料机械畅通，指挥口令和手势简单、明了。若遇较大险情，所需人员、机械、料物较多，一般料场与抢险现场相距较远，为保证抢险工作的统一指挥协调，应设两级指挥，即进占作业面和料场由各自指挥员分别指挥，同时进占作业面和料场均接受指挥员的统一指挥。抢险现场科学指挥的衡量标准为：人机分开，秩序井然，无怠工机械、人员。

（2）软料叉车手能熟练掌握叉车性能，严格听从现场指挥，做到迅速收集、叉装、运送柳秸料。叉装时为保证柳秸料的整齐，叉齿应尽量贴近地面进行叉装作业，尽量一次性叉装满斗，进而使铲斗逐渐上翻，待铲斗内柳秸料稳定后操作铲斗臂逐渐抬高，并尽量使柳秸料保持理顺，在运送过程中应特别注意运输安全，卸料按照指挥员要求进行，一次性卸料到位，高度不宜过大，并迅速撤离，保证后续车辆通行。

（3）推土机手要掌握水中进占时推土机进退作业的安全尺度，在推土过程中应保持一定的土坯厚度，稳步向前推进，并应自占体中部推起，逐步向两侧及前部推进。

(4)装载机手时刻把握运送石料的时机、位置,按照指挥员指挥一次性将石料抛投到位,尽可能使柳石自然成比例混合。

四、抢险实例

(一)2005 年马庄工程抢险实例

2005 年调水调沙期间,马庄工程潜坝靠大溜。6 月 24 日 8 时,坝体 0 +078 ~0 +110 位置发生长 32 m 全部墩蛰入水的重大险情。随后险情继续扩大,出险长度达 92 m。出险范围内,潜坝结构破坏,坝身全部下蛰入水,并在潜坝背水侧滩地内形成一个长 95 m、宽 40 m 的回溜区。坝前水深 8 m,出险体积已达 10 440 m^3。

险情发生后,河南黄河河务局紧急调动 9 支黄河机动抢险队,30 套大型抢险设备、230 名抢险队员投入抢险工作,原阳县紧急派送柳秸料 120 万 kg。该险情的抢护方案采用自潜坝溃口处两端利用大型机械、采取层柳层石和柳石混杂做埽双向进占,至 25 日 21 时,两端占体合龙,抢险取得决定性胜利。这是大型机械与柳石混杂传统工艺完美结合的最好例证,充分显示了柳石混杂机械化筑埽施工技术在工程抢险中的巨大作用。

(二)2005 年顺河街工程抢险实例

顺河街 31 号潜坝为土工布褥垫护底、铅丝网护块石坝体结构。2005 年调水调沙期间顺河街工程 31 号潜坝靠大溜。6 月 25 日 3 时 50 分,潜坝迎水面 0 +275 ~0 +300 处,长 25 m 的坦石坝基墩蛰,之后险情迅速扩大,7 时 15 分,坝体 0 +248 ~0 +275 位置长 27 m 坦石坝基全部墩蛰入水,27 日 7 时,坝体 0 +220 ~0 +248 全部下蛰入水,并在潜坝背水侧滩地内形成一个长 100 m、宽 60 m 的回溜区,坝前水深 10 m,出险体积达21 642 m^3。

为迅速控制险情,紧急调动 4 支黄河机动抢险队的 10 套大型抢险设备、队员 70 人;租用地方 20 套大型抢险设备;封丘县紧急向孙庄、荆宫等 6 个乡派柳秸料 200 万 kg 参加抢险。

该险情采用柳石混杂恢复坝身、临河抛石还坦、背河加固土体帮宽的抢护方案。6 月 30 日,险情得到控制。

第二节　机械化层柳层石筑埽技术

机械化层柳层石筑埽技术是在布置护埽船、设置搂底绳的基础上,利用机械铺放软料、块石,逐坯压沉施作,直至到位,然后向前推进。

使用范围:防汛抢险和水中筑坝施工,一般顺溜方向进占或水流速度小于

1 m/s的状况。

一、研发背景及应用效益

(一)研发背景

近年来,随着黄河小浪底水库的运用,在控制流量长时间下泄的情况下,黄河下游局部河段常出现险恶河势,极易酿成重大险情。为减小人工筑埽劳动强度,满足高强度、高效率的黄河工程抢险需要,在保持传统黄河埽工主要工艺的基础上,河南黄河河务局结合多处工程施工、抢险实践,与现代大型机械效率相结合,研发出人机配合"机械化层柳层石筑埽"这一新技术。

该项技术主要解决了人工做埽慢,无法满足抢险需要的难题。

(二)应用效益

机械化层柳层石抢险技术最早应用于 2003 年顺河街工程,进行预抢险,达到了很好的效果;2005 年调水调沙期间,应用于马庄潜坝重大险情抢护。层柳层石技术与人工柳石搂厢费用及工效比较如表 10-2 所示。

表 10-2　层柳层石技术与人工柳石搂厢费用及工效比较

项目	种类	种类单位	数量	单价	单价单位	合计(元)	体积(m^3)	耗时(h)
人工柳石搂厢						5 662.24	690	8
人工捆枕	工长	工日	2	39.28	元/工日	78.56		
	技工	工日	18	30.96	元/工日	557.28		
	民工	工日	20	16.88	元/工日	337.6		
	搂厢船	只		300	元/台班	300		
人工运柳运石	民工	工日	260	16.88	元/工日	4 388.8		
层柳层石						23 106	5 000	24
机械费用	推土机	台班	2	1 219.5	元/台班	7 317		
	叉车	台班	2	1 457.9	元/台班	8 747		
	装载机	台班	1	1 457.9	元/台班	4 374		
	搂厢船	只	1	300	元/台班	900		
人工费用	人工	工日	15	39.28	元/工日	1 768		

据现场统计,采用层柳层石技术,利用 2 台推土机、2 台叉车、1 台装载机、1 只搂厢船与 15 名技工配合下,在 24 小时内完成抢护体积 5 000 m^3(见表 10-2),而在之前利用每班 600 名工人连续抢护 1 昼夜进占还难以完成,即使按照定额计算,也需要 300 名工人近 17 天才能完成,层柳层石技术是 300 名工人做埽速度的 8 倍左右,其投资仅为后者的 1/3 ~ 1/2。

二、机械化层柳层石筑埽施工流程

（1）生根。占后生根出搂底绳，视坝的结构形式，选择打桩与否而定。若无法打桩，则在坝体挖坑生根，坑内设骑马桩出搂底绳，桩绳以上用块石填坑（见图10-10）。

（2）布船。占体前同传统人工筑埽放置搂厢船一样放置护埽船，搂底绳前端拴系在护埽船上。

（3）铺柳。叉车运送大量软料置于搂底绳上，挖掘机或装载机前推、摊拨软料，如同传统埽工的底坯软料。

（4）压石。自卸汽车在软料后部坝体卸石，装载机前推、铲放石料或挖掘机挖抛、推拨石料压沉软料入水，随着软料的压沉入水松放搂底绳。

（5）层柳层石。上第二坯软料，再运石压沉入水，层柳层石，逐坯压沉施作，直至到位。

（6）顶面覆土。自卸汽车运土卸放在到位后的埽体顶面，装载机摊平、摁拉、碾压，形成良好的进料通道。

（7）向前进展。松放搂底绳，向外撑船，新开一占，整体向前进展。

此层柳层石筑埽进占方式虽然设置了护埽船和搂底绳，但其作用仅在于有效保护柳石不被水流冲失。层柳层石筑埽进占（见图10-11）时不需要将搂底绳逐坯搂回，不需要布设家伙桩，只随着占体的下沉松放搂底绳，随着占体的前进撑船外移，接长搂底绳即可，较传统的人工筑埽进占有着极大的改进和提高。

图10-10　埽体生根

图10-11　层柳层石筑埽进占作业现场

三、机械化层柳层石进占操作要领

（1）机械指挥手操作要领同机械化柳石混杂筑埽时机械指挥手操作

要领。

(2)软料叉车手操作要领同机械柳石混杂筑埽时软料叉车手操作要领。

(3)推土机手操作要领同机械柳石混杂筑埽时推土机手操作要领。

(4)装载机手应时刻把握运送石料时机、位置,应待柳秸料铺放整理完毕后开始运送石料,每层运石量应以将柳秸料压沉为宜;卸石位置应尽量使石料在柳秸料上平整铺放,一次卸料到位,以减小后续平整工作量;在运石过程中要严格服从现场指挥,并注意施工安全。

(5)挖掘机手应根据柳秸料卸料情况适时拨、摁、压柳秸料,保持每层柳秸料厚度适中、均匀,并视石料卸料情况均匀拨放石料,保持石层均匀分布,必要时推搂厢船外移。推船时应保持水平、逐步均匀施力,同时应注意船上人员安全及挖掘机自身安全。

四、抢险实例

2005 年 6 月 24 日,原阳马庄发生潜坝中段 0 + 078 ~ 0 + 170 全部墩蛰入水(坝体总长 200 m)、出险长度达 92 m 的重大险情(险情详细描述见本章第一节)。

险情发生后,河南黄河河务局紧急调动大型机械设备和专业抢险队员投入抢险工作。险情的抢护充分利用大型机械,采用自潜坝溃口处两端层柳层石和柳石混杂做埽双向进占方案,至 25 日 21 时,两端占体合龙,抢险取得决定性胜利。这是大型机械与层柳层石传统工艺完美结合的最好例证,充分显示了层柳层石机械化筑埽施工技术在工程抢险中的巨大作用。

下篇　新型水中筑坝与堵口技术

近年来,土工织物品种增多,各种规格、各种材料的编织布、机织布达上百种,同时质量也有所提高,600 g/m^2 高强度土工丙纶机织布的经向、纬向抗拉强度已经分别达到 160 kN/m、112 ~ 160 kN/m。利用土工织物的特性,解决黄河防洪抢险、水中筑坝及堵口中的技术难题成为可能,河南黄河河务局为此作了不懈努力,进行了多次大胆的试验,从失败中总结经验,直至成功。试验成果有些不宜应用于永久性工程,有些可以在特定条件下应用,这些都需要做进一步试验研究。一项新的工艺、新的技术必须经过长时间应用,在应用中不断完善。比如长管袋筑坝技术,在黄河河道工程建设中已大量推广应用,但是经过实践的考验,原来设计的目标是不抢险或少抢险,坝体修建后经过 10 多年的洪水冲刷,凡是经过大溜冲刷的工程均出现较大险情,分析计算总投资远远大于传统筑坝投资。该结构没有达到设计目标的主要原因,是工程大多为旱工筑坝,修做在浅滩上,修建时不靠溜,随着河势的变化,工程靠溜,河床下切,由于冲刷各部位深度不同,所以长管袋的适应变形能力就满足不了实际洪水冲刷的需要,经常造成排体下蛰,使原来排体与排体之间的搭接出现空当,洪水入当淘刷坝基,直至出现坝体根石全部入水,土坝基坍塌,这种险情防不胜防。

根据长管袋筑坝的经验教训,研究土工织物在防汛抢险、水中快速筑坝及堵口技术的应用,首先要明确它的应用目标、应用范围。本书重点介绍的土工材料应用于防汛抢险,如长管袋护岸技术,也适用于临时性工程建设。在南水北调工程建设中进行河汊堵复、灌注桩制作平台(应用长管袋护岸),临时性抢堵、临时抢护,工程结束即完成了它的使命。水中快速筑坝与堵口解决的关键问题是进占体,传统进占体采用的是柳石进占技术,而现代进占采用的是大块石进占,占体的作用就是为水中筑坝或堵口创造进占条件,而后的抗冲还要靠抛投占体外边的块石来解决。现在块石进占虽然可以较好地抗冲,但是占体闭气效果差,且压在坝体下的占体块石不能很好地发挥作用,浪费很大。

高强度土工织物用来护底修做占体的临时性应用,实践证明它还具有耐久性,因为土工织物在水下可以应用 60 年以上。占体外部是块石,假定进占水深 8.0 m，土工织物从河底一直包到水上 1.0 m，进占采用的土工机织布一般为 230 g/m²，强度很高，在水下块石摩擦不会造成土工布破裂，这是在施工现场经过多次破坏性试验证明过的。所以，当大河水冲深 12 m 时，土工布会往下滑，起到防冲河底的作用。因此，工程不可能出现一下子根坦石全部入水的较大险情。这是大土工布进占的“剩余价值”。

第十一章　土工包进占技术

第一节　研发背景及试验情况

土工包应用于黄河防汛抢险，最初是解决水中进占问题，其基本思路是利用土工包装土，流速小时直接装土进占；流速增大，在土工包内增加块石，使其自重增大防止冲失。缺点是由于土工包之间的摩擦力很小，即使没有水流的冲力，包与包的滑动问题也难以解决。

2004 年 4 月在封丘顺河街抢修 13 号坝时，水深达 8 m 左右。按照传统筑坝方式，需采用柳石水中进占施工，但受季节限制柳秸料征集极其困难。此时，河南黄河河务局防汛办公室组织人员、设备和材料，在黄河河南段首次使用土工包进占。首先，按照车厢尺寸缝制土工包铺放于自卸汽车上，然后利用挖掘机向土工包内装土、封口，并运至 13 号坝进占位置进行抛投，每天平均进占长度约 15 m，既节省投资，又加快了工程进度。随着土工包水中进占向前推进，水深和流速不断加大。当水深超过 8 m，流速超过 2 m/s时，在一个进占位置连续抛投 10 多个土工包不见出水，后在土工包上拴系一条长绳，观察土工包走失情况，发现土工包不抓底（抛不到底）随水流而去，土工包进占被迫停止。究其原因，主要是抛投到水中的土工包来不及排出包内气体，土工包呈悬浮状、未蛰实，因此很容易被水流冲走。

2004 年 5 月在兰考蔡集 54 号坝工程续建中，也是柳秸料征集困难，遂采用土工包水中进占筑坝。在总结封丘顺河街土工包水中进占施工经验的基础上，根据水深、流速的不同，加大了土工包的自重，即在土工包内填土石混合材料，土石各半，在大溜顶冲时，土石比例达到了 2:8，以增大土工包自重，增加土工包在水中的沉降速度，减少或避免土工包的流失。

2006 年 11 月武陟老田庵工程续建 26 号丁坝，采用编织彩条布缝制彩条包进行水中进占施工。首先按照装载机铲斗的尺寸（4.5 m × 2.67 m × 1.2 m）加工土工包，人工把彩条包架设在抛投位置，利用装载机铲土，待彩条包装满后封口，再利用装载机或推土机推彩条包入水。在推抛彩条包过程中，采用循序渐进的方法分几次推抛入水，使彩条包入水后有足够的时间蛰实、排气，以达到彩条包体稳定。这项工艺的缺点是彩条布自身强度低，不易在自卸汽车上抛投,一次推抛入水蜇实、排气较慢。

通过封丘顺河街、武陟老田庵、兰考蔡集3处工程土工包进占实践,逐步总结经验,对土工包水中进占抢险技术的应用条件、应用范围有了更进一步的认识。

第二节　土工包水中进占施工流程

一、土工包的分类及用途

根据土工包的形状和容积将土工包分为:特大型、大型、中小型(中小型土工包也称防汛集装袋),以满足不同机械的使用和抢险要求。土工包的分类及用途见表11-1。

表11-1　土工包的分类及用途

规格	分类	形状	容积(m^3)	用途
A型	特大型	管袋形	800~1 000 80~200	用于护底、护岸、船泵作业
B型	大型	长方体形	9.5~16	用于自卸汽车抛投
C型	中小型	圆形或方形	0.5~2.3	用于挖掘机或吊车抛投

二、土工包选材与制作

土工包制作材料的选用,主要由土工包在抢险过程中所需要满足的强度、变形率、透水性、排气性和保土性等技术指标确定。

在抢险过程中土工包材料的变形率、排气性和保土性指标非常重要,要求变形率、排气性越大越好,透水性、排气性和保土性主要与土工合成材料的等效孔径有关。按照2000年国家防汛抗旱总指挥部办公室(简称国家防办)"堤防堵口关键技术研究"专题项目土工合成材料在黄河防汛抢险中的应用研究,得出适用于黄河下游堤防土壤防汛抢险的土工合成材料的等效孔径Q_{95}在0.10~0.50 mm。

根据以上几个方面的分析研究,土工包制作的材料可以采用机织布、编织布、复合土工布、无纺布等,具体技术指标和参数见表11-2和表11-3。机织布与复合土工布渗透系数、等效孔径Q_{95}较小,对排气不利。

土工包布主要是以聚丙烯(PP)、聚乙烯(PE)等高聚合物为原料,拉伸成扁丝后,再经过编织、切割、缝制等工序制作而成。它是一种易折叠的柔性包装,袋体形状有圆形和方形两种,容积为 0.5～2.3 m^3,装载量为 500～3 000 kg。为了能适合于各种起吊设备及运输工具操作,设计相应的起吊结构,便于快速集装运输各种散装货物(如散土、砂石、矿产品等)。

表 11-2　土工织物选择参考指标

物资名称	单位面积质量(g/m^2)	厚度(mm)	抗拉强度(kN/m)		延伸率(%)		垂直渗透系数(cm/s)	等效孔径(mm)	开孔率(%)
			纵向	横向	纵向	横向			
编织布	200～250	>0.3	>50	>40	<30	<25	$>10^{-2}$	0.20～0.35	>30
机织布	200～250	>0.3	>60	>50	<30	<25	$>10^{-3}$	0.10～0.20	>30
复合布	200～250	>0.6	>60	>50	<30	<25	$>10^{-3}$	0.10～0.20	>30
无纺布	300～350	>3.0	>12	>12	<80	<80	$>10^{-2}$	0.10～0.50	>30

表 11-3　土工包主要技术参数

物理性能			装载量(kg)		
			1 000	2 000	3 000
土工包布	抗拉强度(N/50 mm)	纵向	≥1 470	≥1 646	≥1 960
		横向			
	延伸率(%)	纵向	≤40	≤40	≤40
		横向			
	垂直渗透系数(cm/s)		$>10^{-2}$	$>10^{-2}$	$>10^{-2}$
吊带	抗拉强度(N)		≥15 000	≥30 000	≥45 000
	延伸率(%)		≤25	≤25	≤25

三、大土工包加工设计

(一)结构和尺寸

为满足自卸汽车运输抛投的需要,土工包规格尺寸(见图 11-1)按自卸汽车车斗尺寸确定。依据黄河机动抢险队配备的 15 t 解放牌自卸汽车和 20 t、31 t 太脱拉牌自卸汽车考虑,根据自卸汽车料斗长、宽尺寸各加大到 1.2 倍、高度上均增加 30 cm 的原则来确定土工包尺寸,制作尺寸分别为:4.2 m×2.4 m×1.3 m、5.0 m×2.9 m×1.3 m、5.4 m×3.0 m×1.3 m,有效尺寸分别为:4.2 m×2.25 m×0.95 m、5.0 m×2.41 m×1.0 m、5.4 m×2.50 m×1.0 m。

在使用编织布、复合土工布制作土工包时,原则上间隔 1.0 m 缝制一条宽

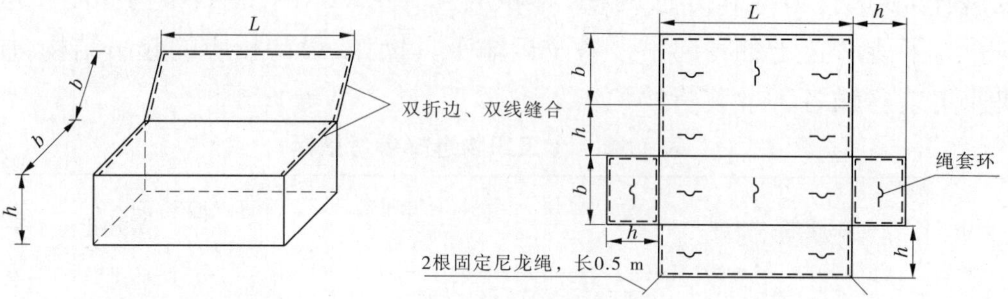

(a)土工包加工图　　(b)土工包加工展开图

L—车斗长；b—车斗宽；h—车斗高

图 11-1　土工包结构及加工图

5 cm 的加筋带，这种结构可以解决编织布、复合土工布制作的土工包强度不足的问题（见图 11-2）。

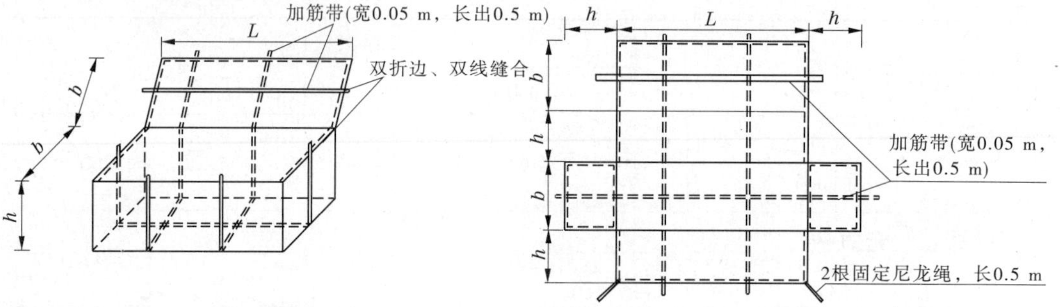

(a)编织布土工包结构及加工图　　(b)编织布土工包加工展开图

L—车斗长；b—车斗宽；h—车斗高

图 11-2　编织布土工包结构及加工图

（二）大土工包加工

制作大土工包有工厂加工和现场加工两种方式。工厂加工是厂方按客户提供的设计或技术要求加工；现场加工过程的工序为：材料采购→裁剪→缝合→存放。

四、大土工包装料形式

大土工包填充料可就地取材，以装散土最为经济实用。在装散土时可将散土压实或直接装含水量较大的饱和淤积土，这样可减少土工包中的含气量，尽可能增加散土的有效质量。在有条件的情况下也可装砂石料或建筑用的碎石，这样的大土工包抗冲能力更好。根据抢险常用材料，现重点介绍土工包装散土及土石料混装。

(一)装散土(彩条包进占)

老田庵控导工程26~30号坝续建工程为送溜段,设计丁坝间距为100 m,丁坝长100 m,顶宽15 m,丁坝设计进占水深为3 m,丁坝进占方案为散抛石,设计连坝顶宽10 m,为旱地施工。工程于2006年9月开工,受不利河势影响,26号坝连坝施工至0+046.5桩号时,即需水中进占,水深达3.10 m,经进占前实测,26号坝连坝平均水深为4.8 m,26号坝丁坝平均水深为12 m,超出设计水深9 m,并且流速为2 m/s左右。针对老田庵26号坝连坝及丁坝非裹护段水深溜急、无法按照设计进行水中倒土施工的情况,施工单位先后制订了散抛石进占、柳石进占、长管袋进占、化纤网片装编织袋进占等方案。

诸方案中,采用散抛石进占价格高,工程建成后连坝及丁坝非裹护段不靠溜,用散抛石修建过于浪费。传统的柳石进占,由于当地柳秸料奇缺,软料征集难以满足项目要求,对环保有一定影响,且用人工较多,价格较高,不宜采用;长管袋施工工艺复杂,价格高;化纤网片装编织袋价格较高,劳动强度大。

经过论证,确定采用土工包进占施工。该方案取材便利,经济合理,有利于使用大型机械设备施工。具体方案为:用土工布缝制成上不封口的长方体包,施工时人工撑开包,用装载机或挖掘机将土装入包内,盖上顶面盖子,用手提缝纫机缝合,成为土工包。利用推土机推包入水,如此循环往复,成为占体,进行进占施工。

1.方案制订

土工布选择的原则:选择具有一定强度、价格较低、市场上料源丰富的聚乙烯双复合彩条编织布为原材料,价格为1.2~2.5元/m^2。

进占中发现聚乙烯双复合彩条土工包(简称彩条包)入水后,包中气体无法迅速排出,在入水压力作用下,造成包的缝合处撕裂,不能有效地发挥包裹土体的作用。后将不透气的薄膜去掉,成单层透气聚乙烯纺织布,解决了彩条土工包接缝入水开裂问题。

确定彩条包尺寸的原则是,在满足施工要求的情况下,尽可能降低单位体积土方的用布量,并兼顾布幅,降低材料损耗量。满足施工要求主要考虑装载机铲斗和推土机铲的宽度,达到装土及推包方便的目的。在满足施工要求的情况下,包越大,单位体积土方用布越少越经济。

根据装载机铲斗宽3 m、推土机铲宽3 m的情况,确定聚乙烯编织布土工包的长度应大于3 m,否则装载机不易装土;同时土工包长度不宜超过3.5 m,否则推土机推彩条包时容易把包推裂。根据厂家生产的布幅宽度,一般为3.7~4 m,结合装载机铲斗的尺寸,确定彩条包的尺寸。目前,黄河上多采用斗容为

2.5 ~3 m^3 的装载机,因此彩条包的尺寸一般为:长 3.5 m、宽 2.5 m、高 1.2 m。

2. 进占断面确定

选择 26 号坝连坝为彩条包进占实施地点。根据大型机械施工要求及水深情况,进占断面宽度拟定为 8 ~ 10 m,彩条包按两排布设在占体上下游侧,彩条包中间填土 1 ~3 m,增加占体宽度及稳定性。

3. 装包

进占现场装土工包试验:缝制长 3.5 m、宽 2.5 m、高 1.2 m 的彩条包。经过现场装土工包试验,淘汰了原来用钢管焊接成长 4 m、宽 2.5 m、高 1.2 m 的活动框架装土工包作业方式。在抢险现场,作业程序越简化越有利于提高抢险效率,因此装载机装土时只需要 4 个人拉着彩条包的 4 个角,装载机就可直接装土(见图 11-3)。一般装载机装 2 斗土约 6 m^3,拉彩条包的人随时随地将彩条包折叠,然后用手提缝包机缝合(见图 11-4),再用推土机将包推入水中,整个过程用时 8 分钟,效率高、效果好。

图 11-3　装载机装土

图 11-4　缝包机封口

4. 推包

彩条包装满封口后,用装载机推抛彩条包入水时的推包要点是铲斗不能直接推彩条包,否则极易使彩条包破裂。装载机铲斗应推彩条包底部土层,使彩条包侧面不会直接受装载机铲斗挤压而破裂。装载机推彩条包应使其缓慢入水,且不能一次全部推入水中(见图 11-5)。

同一位置的彩条包要一个个排垒(上一个压下一个),以达到缓慢入水、充分排气、蜇实、稳定的目的。

5. 注意事项

(1)当水深、流速较大时,为防止彩条包飘移,可以把多个彩条包用麻绳连接在一起推入指定部位,这样不易被水流冲离抛投位置,起到稳固作用。

(2)连接方法是用大绳将每个彩条包用织簸法连接。

6. 应用情况

老田庵 26 ~ 30 号坝,连坝及丁坝非裹护段采用彩条包进占方案进行施

图 11-5　装载机推包图

工。由于施工期小浪底水库下泄流量控制在 500 m^3/s 以下，因此水流不漫滩，河势未因工程续建而发生根本变化。自 26 号坝连坝 0 + 046.5 开始所续建部分均为水中进占，采取彩条包进占顺利完成连坝及丁坝非裹护段施工任务。

(二)土石混装(土石混合土工包进占)

1. 缝包

土石混装土工包采用机织土工布制作。土工包按照图 11-6 加工。加工土工包以自卸汽车车厢平面尺寸为准(2.8 m×4 m)，尺寸要与自卸汽车车厢吻合或土工包的长、宽、高略大于车厢尺寸，以利装料与封口。加工土工包时

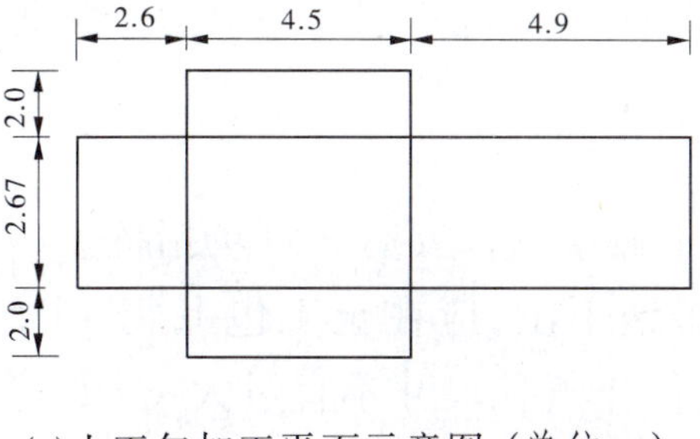

(a)土工包加工平面示意图 (单位: m)

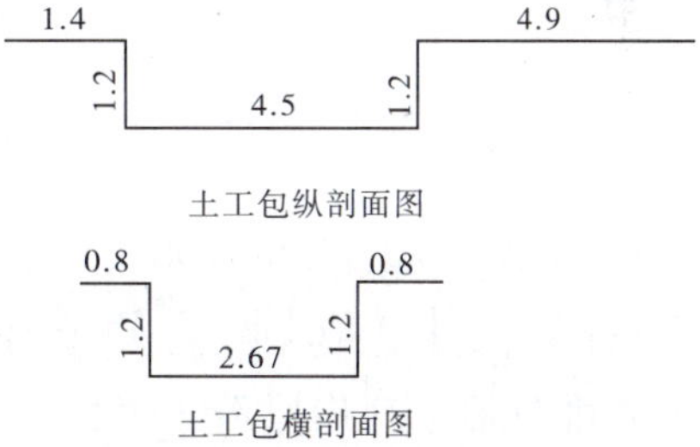

(b)土工包剖面图 (单位: m)

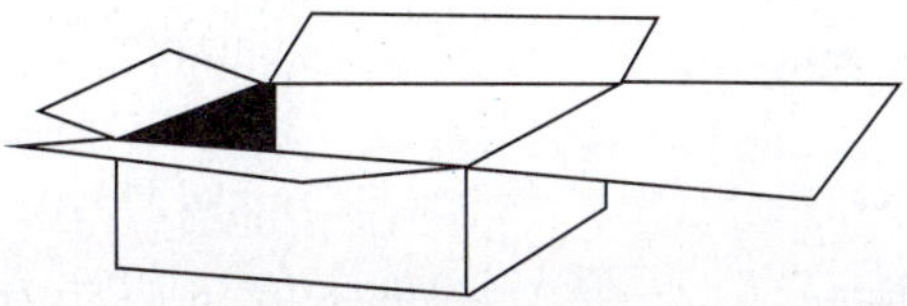

(c)土工包加工示意图

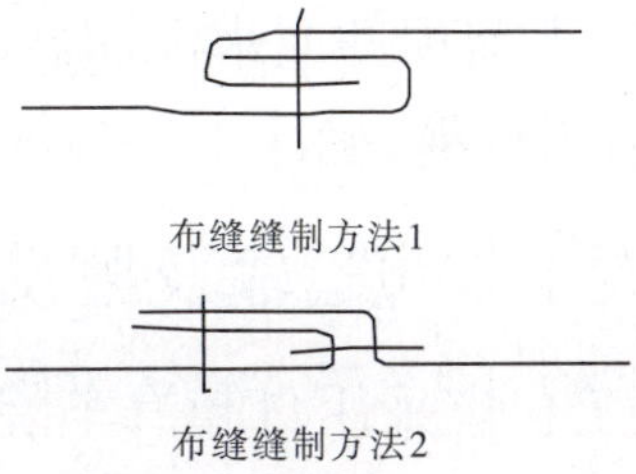

(d)布缝缝制方法

图 11-6　土工包加工

纵向间隔0.7 m、横向间隔0.8 m固定麻绳(缝在布内),两底角位置再固定长15~20 m的麻绳,以备土工包被抛下时在岸上固定所用(或在车厢内铺设底勾绳和练子绳,如同厢枕绳缆拴系方法)。

为了达到土工包强度要求,缝包时采用双线缝制,且要使第一次缝线与第二次缝线重合;否则,接缝的强度会降低。

2. 装包

将缝上绳子的土工布包铺于自卸汽车车厢底部,并把绳子在其相应方向拉直、伸展,用装载机将土料和石料按一定比例装于土工包内。装料的顺序是:先装土,再装石块,最后再装土。始终让石块居于土体中间,以免在抛投时土工包与石块直接接触,把包划烂或砸烂。在不同水流条件下,包内所装土料与石料比例要有所不同,当流速在1 m/s以下时,不用石或土石比为5∶1;当流速为1~2 m/s时,土石比为4∶1;当流速在2 m/s以上时,土石比为3∶1。然后将四周土工布收起包裹土方,用缝包机将布缝缝制封口,并将四周绳子拉直捆紧,预留底角绳子拉上坝岸,以便与岸上木桩相连固定。土工包可在现场装料抛投,也可异地(抢险现场以外)装料,并用自卸汽车运至出险地点抛投。

3. 抛(推)包

采用自卸汽车抛土工包时,将装有土工包的自卸汽车停在坝的预抛位置,并将土工布抛下,然后将预留绳拴系于岸上固定的顶桩上,让土工包缓慢入水,防止土工包入水后流失。切忌不能让土工包瞬时全部入水;否则,土工包会被水流冲走。

4. 注意事项

(1)无论是自卸汽车抛袋还是推土机推抛都要有人现场指挥。

(2)在抛投土工包时,为便于土工包下沉,应在土工包上刺3~5个排气孔或更多排气孔,以利排除包内气体,但排气孔尺寸不宜过大;否则,会造成包内土料流失。

(3)当大溜顶冲或水深溜急时,土工包应拴系留绳,以防走失。当留绳绷紧时,要适当松绳,确保土工包入水蜇实。

五、大土工包运输及抛投方式

大土工包宜采用自卸汽车装运、抛投,D85推土机或挖掘机推运的作业方式,如图11-7~图11-10所示。

在用大土工包抢险或进占时,要特别注意机械车辆的安全。在机械化抢险过程中,尽可能利用推土机在坝前作业,先将坝头推成斜坡,如果是砌石坝

图 11-7　装载机或挖掘机装料

图 11-8　自卸汽车运输

图 11-9　自卸汽车抛投

图 11-10　挖掘机推入水中

或坝面有乱石，先将散土推到坝面，再用自卸汽车抛投，这样既可以保证大土工包不易破损，又可以保证自卸汽车的安全。在土工包水中进占过程中，如果自卸汽车抛投不到位，可用推土机或挖掘机将土工包推入水中。

大土工包机械化抢险或进占工艺流程如图 11-11 所示。

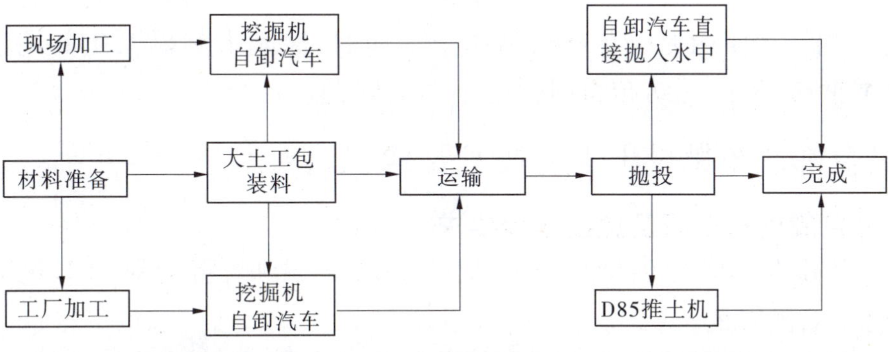

图 11-11　大土工包机械化抢险或进占工艺流程

大土工包具有以下特点：①运输方便，操作简单，抢险速度快；②船抛、岸抛、人工抛、机械抛均可，适用范围广；③对土质没有特殊要求，一定条件下用其代替抛石节省投资；④用其代替柳石枕，有利于保护生态环境。

第三节　土工包进占作业要领

一、土工包制作技术要领

（一）土工包尺寸的确定

为满足自卸汽车运输、抛投的要求，土工包规格尺寸按自卸汽车车斗尺寸确定。土工包的尺寸原则上应略大于车厢尺寸，以便在自卸汽车上装料及封口，一般应掌握在自卸汽车车斗长、宽尺寸的1.2倍，高度上均增加30 cm。

（二）土工包缝制

土工包的缝制方法有搭接、缝接和粘接。

（1）搭接是将相邻织物重叠一部分，重叠宽度为20～40 cm，不要使搭接处集中受力，以防止织物移动和错位。这种搭接方法不宜采用手提式缝包机缝制，同时也不宜在施工现场操作，宜采用台式缝包机缝制和在厂房作业。

（2）缝接是指用尼龙线或涤纶线将两块织物缝合在一起，缝合方法有对面缝和折叠缝。在现场缝合时，可用移动式缝合机进行，十分方便，若一道线强度不够，可缝合两道线，以增加接缝处的强度。

（3）粘接法是在两块土工织物之间的接缝处用化学黏结剂或热粘法将两块织物结合在一起，这种方法工艺比较复杂、强度低，且粘接处影响排水，故在排水工程中不宜用粘接法缝包。

在使用编织布材料、复合土工材料制作土工包时，原则上间隔1.0 m缝制一条宽5 cm的加筋带，以解决编织布材料、复合土工材料制作的土工包强度不够的问题。在使用无纺布材料制作土工包时，原则上间隔1.0 m用粗麻绳或化纤绳捆绑，解决无纺布材料强度不够的问题。

二、自卸汽车抛投土工包技术要领

（一）自卸汽车车厢及抛投场地要求

（1）自卸汽车车厢内壁要求不变形且光滑；否则，将会对土工包造成破坏，影响土工包质量。

（2）在土工包抛投现场，场地要平整，并具有一定的密实度，以免自卸汽车抛投时翻车或陷车，造成安全事故。

（二）自卸汽车装抛土工包技术要领

（1）自卸汽车抛包时，在保证安全的条件下，应尽可能抛卸到位。

（2）无论是自卸汽车抛包还是现场装抛土工包，都应进行叠抛，即自上而下让土工包叠压缓慢入水,让土工包有足够的时间吸水、排气、蛰实。

(3)当水深溜急时,土工包易滑失,应在土工包上加筋或拴系网兜及留绳,避免土工包走失。

(4)土工包在抛投过程中,若占体外侧有进占船只,可以缓慢抛投,以免土工包砸向船体造成安全事故。

(三)推土机推抛土工包技术要领

(1)推土机推抛时,推土机应推包的底部,必要时可在包的底部垫土,便于土工包缓慢下滑入水,切忌推土机铲刀直接与土工包接触而推烂土工包。

(2)推抛土工包时,须在现场装包、现场抛投,时刻注意人机配合及设备、人员安全。

(3)推土工包或彩条包时,应避免把土工包一次推包入水。

三、土工包填土石料比例及适用范围

土工包填料的比例要根据水流流速、水深等条件和河床边界条件的具体情况进行具体分析,既要考虑土工包在抛投过程中的稳定,又要考虑节省开支。一般情况下,当水深小于8 m,流速小于1.5 m/s时,宜采用纯土或不同比例土石混合土工包进占;当水深大于8 m,流速大于1.5 m/s时,土工包进占难度较大,就不再使用土工包进占。

实践证明,土工包在非裹护段坝岸出险或迎水面根、坦石坍塌入水土基外露,流速小于1.0 m/s时,应用效果最佳。水深溜急的险情,使用土工包要慎重。

第四节　土工包抢险技术

一、大铅丝笼网袋抢险技术

大铅丝笼网袋抢险技术是在自卸汽车车厢内铺放大铅丝笼网片,并在大铅丝笼网片内铺放预先缝制好的大土工包(据车厢尺寸加工而成),用挖掘机或装载机装土,一般装8~10 m^3,然后用缝包机封口,最后采用电动或手动封口机具将铅丝笼封口。铅丝笼土工包制作完成后,自卸汽车运输到出险地点直接抛投。

使用范围:大铅丝笼土工包主要适用于工程出现较大险情,根坦石下蛰入水,土胎外漏,抛大铅丝笼浪费投资,采用大铅丝笼土工包可节约投资,且抢险速度快、抗滑动,解决了土工包与土工包之间的滑动问题。其主要操作步骤如下。

(一)大铅丝笼网片制作

网片的编制方法采用人工或机械编制(见第七章相关内容)。

(二)土工包缝制

前面已有详细讲解,这里不再叙述。

(三)铺放大铅丝笼网片及土工包

在自卸汽车内铺放大铅丝笼网片(见图 11-12),然后铺放铅丝网片大布(见图 11-13)。

图 11-12　铺放大铅丝笼网片

图 11-13　车厢内铺铅丝网片大布

(四)装包

用挖掘机或装载机向车厢内装土料(见图 11-14),以方便封口为宜。

(五)缝包

用手提式缝包机缝制大土工包口(见图 11-15),然后合拢铅丝笼网片,并用铅丝笼封口器具封口(见图 11-16),封口间距一般掌握在 30 cm 左右。

(六)抛包

封口完毕后,自卸汽车即可运至出险地点进行抛投(见图 11-17)。

图 11-14　自卸汽车斗内装土

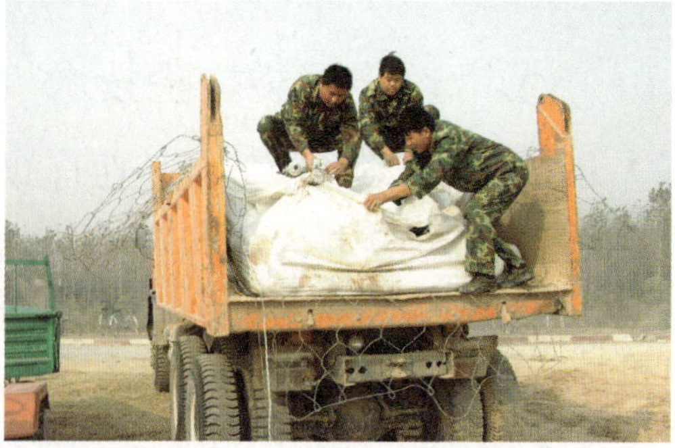

图 11-15　缝包机缝制土工包

(七)注意事项

(1)自卸汽车抛袋现场要有人员指挥。

(2)土工包材料为机织炳纶透水土工布,要求最低标准为 180 g/m^2。

图 11-16　大铅丝笼网片封口

图 11-17　现场抛投

二、土袋笼抢险技术

土袋笼抢险技术是用大铅丝网或大尼龙网铺放在自卸汽车上，利用人工和机械联合作业装土袋、封口而成笼，然后用自卸汽车运至出险地点进行抛投。

使用范围：该技术同样适用于河道工程出现较大险情、根坦石下蜇入水、土胎外漏等险情，抛大铅丝石笼浪费投资，采用大铅丝网土袋笼或大尼龙网土袋笼可节约投资，且抢险速度快、抗滑动。

操作方法是在自卸汽车车厢内铺设大铅丝网或大尼龙网，利用人工向挖掘机或装载机铲斗内装事先准备好的土袋，挖掘机或装载机向自卸汽车车厢内装土袋，人工排垒密实，待自卸汽车内大铅丝网或尼龙网装满后（以便封口为宜），用电动或手动封口器具封口，封口间距掌握在不漏土袋为宜，一般应掌握在 30 cm 左右。其主要操作步骤如下。

（一）装土袋、封口

装土袋可采用人工或装袋机装土袋，通常情况下采用人工装土袋、封口（见图 11-18）。如果险情较大或险情持续时间长，用土袋量较大时，一般采用装袋机装土袋（见图 11-19）。土袋封口方法有两种：一种是缝包机缝口，一种是人工用封口绳绑扎。

（二）装笼

首先在自卸汽车车厢内铺放大铅丝网（见图 11-20）或大尼龙网（见图 11-21），然后把绑扎好的土袋用人工装到挖掘机或装载机铲斗内（见图 11-22），通过挖掘机或装载机装入自卸汽车车厢内（见图 11-23 和图 11-24），并用人工排垒密实。

（三）封口

大铅丝网土袋笼装满后，利用电动或手动封口器具封口，封口方法要求与铅丝石笼基本相同（见图 11-25）；若采用大尼龙网，封口时应采用预留的绳头

图 11-18　人工装土袋、封口

图 11-19　装袋机装土袋

图 11-20　车厢内铺放大铅丝网

图 11-21　车厢内铺放大尼龙网

图 11-22　人工向铲斗内装土袋

图 11-23　铅丝网内装土袋

相互攀连、搭接、拴系(见图 11-26)。

（四）抛投

土袋笼制作完成后,自卸汽车运至抛投地点进行抛投(见图 11-27 和图 11-28)。若险情不大,或在抢险条件允许的情况下,可现场制作,用机械直接推抛(见图 11-29)。

大尼龙网土袋笼不但能够广泛应用于工程抢险,而且还能应用于堤防堵

图 11-24　**大尼龙网内装土袋**

图 11-25　**大铅丝网土袋笼封口**

图 11-26　**大尼龙网土袋笼封口**

图 11-27　**自卸汽车抛大铅丝网土袋笼**

图 11-28　**自卸汽车抛大尼龙网土袋笼**

口时口门的合龙。在堵复口门时,用挖掘机吊抛大尼龙网土袋笼,能有效阻止口门堵复合龙时土袋笼的走失,提高堵口成功率(见图 11-30)。

(五)注意事项

(1)土袋装土料不宜太满,一般装至最大装袋容量的 70% ~80%。

(2)人工绑扎封口土袋时,一定要扎紧、系牢,以免在装抛过程中开口。

(3)在人、机配合装笼时,人、机配合要默契,避免因人、机配合不当而伤人。

(4)用大尼龙网土袋笼抢险时,由于大尼龙网伸缩性强,封口时一定要搭

图 11-29　挖掘机推大铅丝网土袋笼

图 11-30　挖掘机吊抛大尼龙网土袋笼

接、拴系牢固，避免在抛投过程中大尼龙网土袋笼漏失土袋。

第十二章　大土工布及长管袋护岸技术

第一节　大土工布护岸试验

黄河出现顺堤行洪时，抢险常备料物往往很难及时到位，即使到位，抢护速度也难以适应大面积顺堤行洪堤段的抢护要求。为此，研究临时性的大土工布护岸技术，成为黄河防汛抢险工作中的重要任务。

一、大土工布护坡试验方案

（一）选择合适地点

顺河街控导工程14号坝上首滩地土质属于两合土，受“03·8”洪水长时间冲刷，不断坍塌后退，在2003年10月8日已坍塌至联坝延长线位置，如果不采取措施，14号坝上首滩岸会继续坍塌，河势将更加不利（见图12-1），工程防守将更加困难。为此，此处选择采用大土工布保护土胎很快奏效，对工程安全发挥了很大作用。

试验时段大河流量2 800 m^3/s左右，水深8 m，流速2 m/s左右。

（二）需要人员及船只

临河侧两只船，每只船15人，加工大土工布人员16人。

（三）料物与设备

该方案准备幅宽3.7 m的土工布3卷，11个1.5 m^3的石笼，60捆麻绳，10捆棕绳，50根木桩，4根7 m的探水杆（每只船上2根），4台缝包机，20捆缝包线，2 m^3碎石。

二、大土工布护坡操作步骤

（一）加工大土工布

（1）先用缝包机将幅宽3.7 m的土工布缝制成一块30 m×30 m的大土工布。大土工布相邻两端应重叠50 cm，间隔1 m纵向缝制，再间隔30 cm缝制，内侧开口，然后每间隔20 cm缝一开口口袋。

（2）将大土工布在纵向每间隔5 m处，放置一根40 m长的棕绳（每端留置5 m），并用大土工布将其包裹，外缘用缝包机缝上两条线。在缝制时，每间

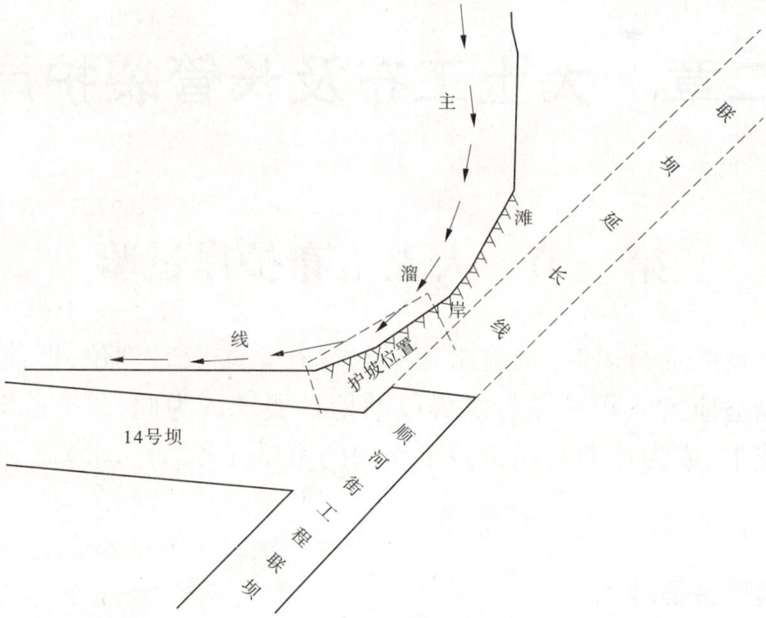

图 12-1　施工河段河势图

隔 5 m 线缝应留有间断，以便横向麻绳能够与棕绳连接。在横向布的两端也缝上相同长度的棕绳。

(3)将缝上棕绳的大土工布在一开阔场地展开，用 40 m 长的麻绳横向铺开，穿过预留在大土工布里的棕绳(见图 12-2)，每端预留长度 5 m，棕绳与麻绳连接方法见图 12-3。

图 12-2　穿绳

图 12-3　棕绳与麻绳连接方法

(4)由 15 人从一端沿着棕绳方向将大布卷起，麻绳绳头留在布卷外，卷好后，运至坝岸坍塌现场。

(二)固定船只

在 14 号坝临河侧坦坡水面以上坡根处，间隔 35 m 抛两个 1.5 m^3 的铅丝石笼(事先在铅丝石笼内埋置拴一麻绳的木桩),并用船只抛水下笼墩,见图 12-4,再在岸上打 2 个木桩固定船只。将船体按照图 12-5、图 12-6 所示固定,确保铺大土工布时方便、安全。

图 12-4　抛水下笼墩

图 12-5　船只固定

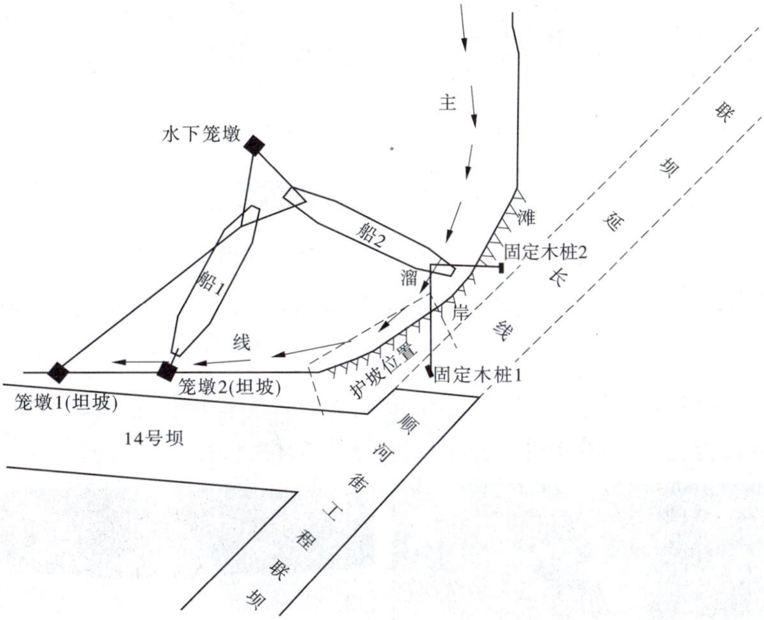

图 12-6　船只固定示意图

(三)铺布前准备

将大土工布从岸上由船 2 一端由 15 人抬着上船(见图 12-7),沿船体平躺在船上,然后将事先装在船上的碎石装入大布一端口袋内,并用缝包机或人工封口(在没有电源情况时可用人工缝包大针进行缝制)。

(四)展开大土工布

图 12-8 所示为大土工布卷示意图。将每根棕绳绳头连接一长细麻绳,每

(a)

(b)

图 12-7　将土工布运到船上

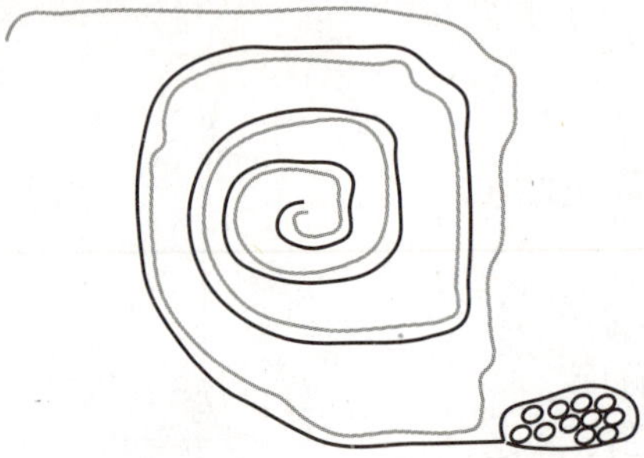

图 12-8　大土工布卷示意图

人一根拉至岸上，大土工布随棕绳拉出渐渐展开，另一侧则留在船上（有口袋一端）。当大土工布充分展开后，在船 1 上人工将碎石装入大土工布一侧的口袋中，并将口袋缝上（见图 12-9），将船 2 上大土工布展开后的另一端绳头与船上的 3 个石笼连接，船 1 上的绳头也与 3 个船上石笼连接。

图 12-9　小石子装好后人工缝口

(五)抛展大土工布

在大土工布各个方向的绳子连接好并检查无误后,两只船上工人听统一号令,同时将石笼推抛入水,再将碎石袋抛入水中,随着大布渐渐入水中,岸上人员将绳子拉紧,并固定在岸上事先打好的顶桩上(见图12-10)。

(六)加固措施

将船上剩余的块石或碎石袋等全部抛在入水的大土工布上,同时岸上的大土工布除将与其连接绳子加固好外,在大土工布上也可均匀抛掷一定数量的块石(见图12-11),水下大土工布压重应超过200 kg/m^2。

图12-10　大土工布铺设后进行加固

图12-11　对护岸大土工布进行抛石压载加固

(七)定期观测

固定1人每天间隔6小时观测一次,并作好记录,观测时发现岸上绳子有较紧的情况,可将岸上的绳子稍微放松,以免大土工布下端受力较大,将绳子拉断。

三、大土工布护坡试验观测结果

在大土工布铺设完成后,要安排专人观测附近河势、滩岸前水深以及目测流速,并对大土工布布面、固定绳子(缝在布内)的松紧、滩岸坍塌情况进行观测。通过观测,发现该处土胎10月有稍许坍塌,坍塌宽度达到1.9 m后,渐渐趋于稳定,直到12月没有再坍塌后退,布面和固定的绳子开始有松紧的调整渐渐趋于稳定。

四、技术分析

从以上观测结果可以看出,坍塌土体由于有大土工布保护,基本没有后退,护胎效果很好。其主要原因如下:

(1)大土工布具有反滤抗冲防渗性能,所以水流很难直接透过大土工布对土胎形成直接冲刷。

(2)采取了前端下坠措施,使得大土工布在滩岸受冲刷时,随水下冲刷坑加深而下蛰,越冲刷,笼墩及石袋下蛰越深,大土工布越紧贴土胎。

(3)在两侧也采取了碎石袋加固,在碎石袋重力作用下,大土工布与土胎之间的缝隙随着冲刷不断下蛰,相互间贴得更紧密,达到更有效的防冲。

该技术主要适用于防汛抢险堵口时裹头防护、滩岸坍塌防护等。

第二节　长管袋护岸技术

一、研发背景

为响应水利部"由传统水利向现代水利、可持续发展水利转变"治水新思路的要求,结合多年的抢险经验和抢险作业实际情况,转变观念,大胆构思,开发研制和应用新的抢险工艺、抢险设备和材料,以满足对防汛抢险机动灵活、快捷高效的要求。

长管袋护岸技术由惠金黄河河务局职工顾小天同志提出并对相关设备、工艺进行了研制、探索。其研发过程如下:

(1)2004 年 7 月,提出了通过改进材料、开发新设备从而提高土工膜袋应用能力的设想。

(2)2004 年 9 月,改进土工膜袋管袋的布局结构。

(3)2004 年 10 月,自主开发研制移动造浆设备。

(4)2004 年 11 月,完成移动式机械化造浆设备与土工膜袋的有机结合及应用试验。

(5)2004 年 11 月,进一步拓展和完善移动式造浆设备与土工膜袋的应用范围。

二、作业流程

(一)设备

移动式造浆设备由供水系统、供料系统、造浆系统和输送系统四部分组成。

供水系统:由加压式洒水车(或水泵)组成,负责为造浆池提供压力水源。

供料系统:由挖掘机、自卸汽车和装载机组成。挖掘机、自卸汽车负责向抢险场地运输充填用砂料,装载机负责向造浆设备装填砂料。现场条件许可时,也可直接用泥浆泵抽滩地泥沙进行充填。

造浆系统:由车厢改装过的自卸汽车和输水管道组成。

输送系统:由直径15.24 cm的塑料软管(优点是改变方向比较容易)组成,长4~7 m。

(二)具体操作步骤

通过密闭自卸汽车车厢,使之成为一个盒形容器,用以盛装造浆用砂料,并在车厢后挡板及底板加装了多支高压水枪头,水枪头通过输水管道与供水系统相连;在自卸汽车车斗后挡板底部还安装了30 cm长排浆钢管,管径为15.24 cm,用于输送泥浆。

造浆时,先将自卸汽车装满造浆用砂料,然后打开两只水枪头,高速水流击打散体砂料很快形成高浓度泥浆。正常充填时车斗内泥浆面高出地面2 m左右,高出排浆钢管1 m以上,且泥浆在倾斜的车斗上形成过程中本身就具有较高的速度,这样在重力作用下继续加速,得以快速从排浆管道进入泥浆输送系统(见图12-12)。通过管道的压力,充入长管袋,形成管袋排体,从而保护工程免受水流冲击(见图12-13)。

图12-12　造浆设备作业图

图12-13　管袋排体护岸

三、技术要领

(1)土料选择:土料应选择黄河泥沙或粉沙,土料内应避免淤土块,以免堵塞自流出泥管袋。

(2)严格控制水沙比:在充填泥浆袋护岸过程中,当泥浆浓度大时,泥浆不易流动,不易充填到泥浆袋的另一端,但泥浆袋渗水快,充填快;若泥浆浓度小,流动性大,泥浆易充填到泥浆袋的另一端,但泥浆袋内水分多,渗水慢。利用移动式造浆车充填泥浆袋应掌握的水沙比一般为2∶1~3∶1。

(3)在充填泥浆袋时,泥浆袋的坡度应尽量陡,车位应高,以增加泥浆的流动性。

四、注意事项

(1)自卸汽车在升车斗时,应缓慢进行,应与造浆、出浆相匹配,车斗升快了泥土来不及液化,易堵塞泥浆进口;车斗升慢了,水多沙少,泥浆浓度小,充填效果不好。

(2)泥浆袋两端应扎牢,特别是下端。一旦泥浆袋下端未扎牢,使扎绳滑失,易造成跑浆,浪费工料。

(3)泥浆袋应与大土工布缝制在一体,护岸闭气效果较好。

五、应用情况

(1)自2005年1月应用该设备以来,在保合寨控导工程、马渡险工、南裹头险工、桃花峪控导的坝体坍塌险情的处理中,机动灵活、高效快捷地完成了险情的抢护任务。

(2)2005年1月,在保合寨控导工程续建11~17号坝施工中,完成长管袋褥垫沉排的施工任务。

(3)2005年3月,该设备应用到赵口、九堡等险工及控导的险情抢护作业中,圆满完成了抢护任务。

(4)2005年4月,完成南水北调穿黄工程四标中混凝土透水桩平台的防护工程。

(5)2005年5月,完成神堤控导工程的坝体坍塌险情的抢护作业。

(6)2006年7月18日,在沁河防汛军民联合演习中完成坝体坍塌的抢险课目,在演习后受到黄委会领导的高度肯定和表扬。

第十三章　大土工布护底技术

第一节　研发背景

大土工布护底技术是将大土工布铺设于工程底部,堵口时将大土工布事先铺放于口门处,用于口门堵复时防止水流刷深河底,可大大减小工程量,降低堵口难度,提高抢险堵口效率。该技术主要适用于防汛抢险堵口时护底防冲、水中筑坝进行护底,可防止河底冲刷等。

在人类长期与洪水斗争实践中得知,堤防堵口成败的关键环节是"金门"合龙是否成功。在"金门"合龙中,流速大小、河床淘刷程度、抛填堵口料物速度等密切相关,特别是流速加大导致河床淘刷是堵口成败的关键,也就是说在堤防堵口中,如何避免河床淘刷下切已成堵口成败的关键。因此,通过总结历史堵口成败的经验与教训,以及近年来新材料、新工艺在黄河上的应用,土工织物在黄河工程施工、抢险中得到广泛应用。

在应用过程中,既有成功的经验,也有失败的教训。如 2002 年在濮阳万寨堵口过程中,采用土工织物缝制成大土工布铺放于口门处,由于当时受流速、船只和技术等方面的影响,大土工布铺放刚刚展开,由于受力增大,固定大土工布的绳缆因质量差而断开,使整个大土工布冲失,没有达到护底效果,导致堵口难度加大。随着口门的逐渐缩小,流速加大,河床淘刷下切,给口门合龙造成很大困难,不但浪费了人力、物力,而且延长了口门合龙时间。2003 年在开封东坝头控导工程续建 11 号坝工程水中进占施工中,总结了濮阳万寨大土工布护底失败的经验教训,第二次进行大土工布护底试验,铺放大土工布护底取得圆满成功,在后续的传统水中进占施工中,避免了河床的进一步淘刷下切,占体稳定,节省了大量人力、物力,提高了工程进度 ,水中进占得以顺利实施。

第二节　大土工布护底作业流程

一、大土工布选择及缝制

根据大土工布护底实践经验，土工布宜选用 230 g/m^2 的丙纶机织有纺布。根据工程实际计算出需要防护的面积，结合河势、水深、流速等条件，应使大土工布面积稍大于防护面积。施工前与生产厂家联系，并提供大土工布加工具体尺寸和各项指标，委托厂家进行加工或组织工人现场缝制。在大土工布内布绳，并在大土工布上缝制小口袋，袋内装小石子，便于大土工布与土体紧密结合。

二、卷布

将大土工布以下端为轴心卷起，卷布前下端各绳头接续足够长的绳，接长部分卷入布内（见图 13-1），用于铺放大土工布时将已经卷起的大土工布从下端拉开。

(a)　　(b)

图 13-1　卷大土工布

大土工布卷起后，要能明确区分两端每一根留绳的不同用途（见图 13-2），如果混淆，将给铺布造成很大的困难。

三、船只准备

根据防护位置不同，使用船只数量也不同，护底工程需要 4 条船固定。各船只在水中利用向河底抛投铅丝石笼和岸上打桩牵系固定，抛投的铅丝石笼在铺布时还起到牵系大土工布的作用。

图 13-2　布卷两端绳子按顺序摆放

事先在各船上摆设铅丝笼墩，各个石笼内设骑马桩，每笼从桩上出 3 根绳，分别用来牵系船只、牵系大土工布和备用，每个石笼体积 1.5 m^3 左右，抛到河底起到地锚的作用。每条船上各放置定量散石用于大土工布沉底后的散压。

四、固定船只

护底工程船固定：各船逆水上行至适当位置，向河底逐个抛投用于定船的铅丝石笼，通过铅丝石笼的牵系并松放或拉紧绳索使各船只准确定位。

图 13-3 是上游迎溜船体固定平面示意图，图 13-4 是船只抛笼定位现场图。

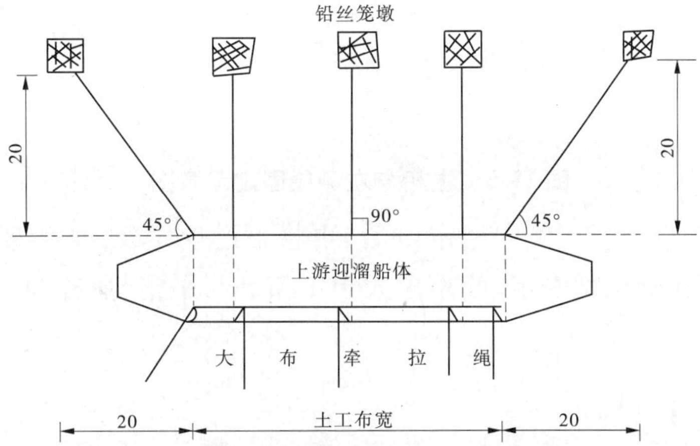

图 13-3　上游迎溜船体固定平面示意图　（单位：m）

船逆水上行定位抛笼，船速慢、易掌控，定位更准确；船顺水下行速度快、难掌控，尤其是迎溜面铺布船（简称主船）准确定位相对困难。当主船定位后，左侧船相应较好定位，它可以借助定位主船的铅丝笼与主船连接在一起（见图 13-5），它的主要任务是侧向拉紧大土工布，避免大土工布平面受水流扰动。

(a) 主船定位

(b) 侧船定位

图 13-4 船只抛笼定位现场图

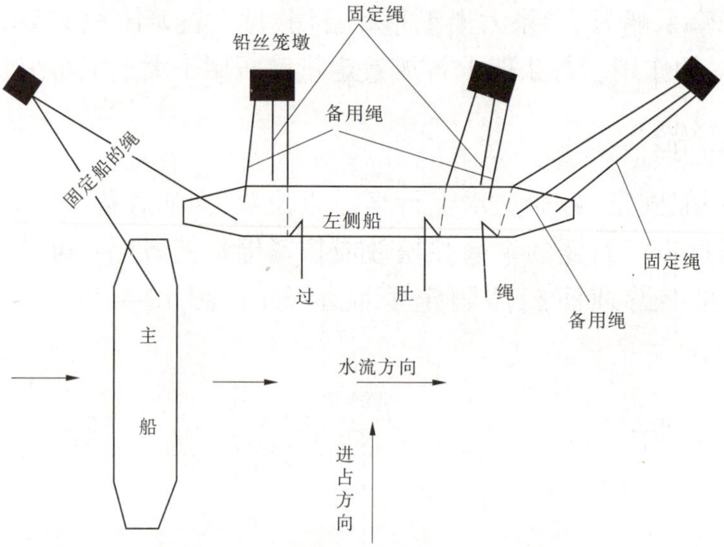

图 13-5 主船与左侧船固定示意图

下游船定位:主船与侧向船定位后,再将下游船定位,下游船的主要任务是将布拉展后进行拉紧固定,使整个大土工布展开平整,在各种水流条件下不变形(见图 13-6)。

五、填石、放布、接绳

将卷成长条筒状的大土工布用人工扛抬至船上一字摆放。拉开上端小口袋,向每个小口袋内均匀填满小石子。小石子事先用编织袋装好,向大土工布上端袋内装小石子时,每袋可以将一个装了小石子的编织袋整个装入,也可以将小石子倒入,以整个编织袋装入为好。装石子的作用在于增加布上端的重量,促成大土工布上端在铺布时能首先下沉入水并均匀密实地贴压在河底上,

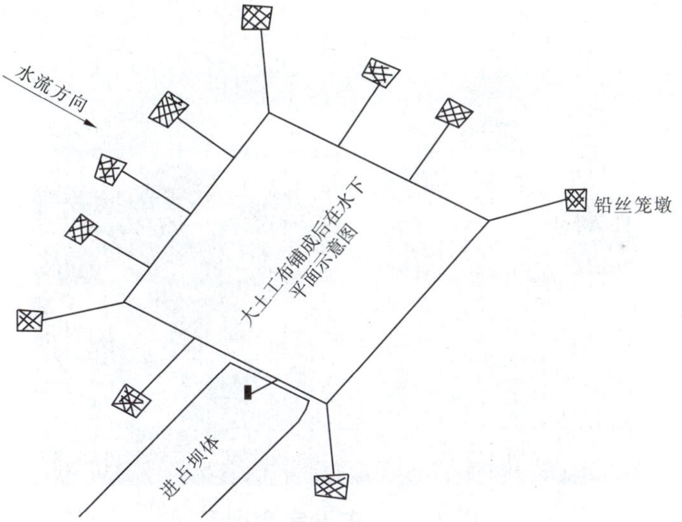

图 13-6　大土工布铺至河底位置示意图

进而对整块大土工布的平稳下沉、密实护底起到关键作用。

将船上铅丝笼里引出来的、用来牵拉大土工布的绳头接长，并穿过船底（俗称过肚，见图 13-7），然后与大土工布上端绳头连接，绳要留适当长度。

(a)

(b)

图 13-7　布过肚绳

六、铺布

利用小船或冲锋舟将大土工布左、右侧及下端的绳头分别送达左侧船、右侧船、下游船上。将上游船上专用来牵系大土工布的铅丝笼抛入河中，牵系大土工布的绳长调整至恰当位置。

上游船上人工在指挥员指挥下将下边缘受铅丝笼牵系、卷起的大土工布全线同步抱起、同时下抛，下游船上人工同时均匀拉绳使大土工布在水面上均匀逐步平展，直至大土工布完全展开（见图 13-8），左右侧根据大土工布展开情况，适时拉绳。

图 13-8　布卷完全展开

七、加固措施

大土工布在水面完全平展后，上游船人工将装有碎石袋的大土工布上端全线同步放入水中。装有碎石袋的大土工布上端在河底铅丝石笼的牵系和碎石袋重力的作用下，逐渐均匀下沉到河底，并与河底紧密接触。大土工布在水流作用下自上而下逐渐下沉，适时斩断左右两侧及下游船的各条拉布绳，整块大土工布即平展铺放入水，并在水流作用下逐渐下沉铺放在河底上。

大土工布入底后，将各船上的散石均匀地抛向大土工布表面散压（见图 13-9），以使大土工布与河底结合得更紧密。

图 13-9　对护底大土工布进行抛石压载加固

第三节　大工土布护底各项作业规范要领

一、技术要领

(一)大土工布选择与缝制

大土工布应选用 200 ~ 230 g/m^2 的丙纶机织布。根据设计尺寸进行缝制,在大土工布尺寸确定上应考虑略大于需要,按实际尺寸的 1.1 倍掌握,且在大土工布内布绳,大土工布的上端留 1 m 长折叠缝合,每间隔 1 m 缝一道线,使之成为口袋形,袋内装上八成石子或碎石,便于护底大土工布与河床紧密结合。

(二)卷布

大土工布缝制完成后,为便于铺放操作,应先卷成大土工布卷。卷布时,前后左右应缓慢进行,特别是左右应相互照应,卷布进度相同,应把大土工布卷实,避免卷斜、卷偏。

(三)船只准备

大土工布护底位置及水流条件不同,使用船只的数量也不同。当在大土工布护底位置有一侧可依附时,用 2 条船即可;当两侧有依附时,用 1 条船即可;当两侧都没有依附时,至少要用 3 条船,甚至 4 条船,并在每条船上准备好足够绳缆和土石袋、块石,以便大土工布铺设完成后及时压护大土工布护底。

(四)船只固定

大土工布护底成功的关键与船只固定密切相关:一是根据护底位置确定船只位置,在船只确定位置的上游抛投铅丝石笼墩;二是船只通过绳缆牢固地固定在石笼墩上,并掌握绳缆与船的角度(见图 13-5);三要考虑绳缆的强度,并根据船只大小、受力情况确定绳缆是采用麻绳还是棕绳。

(五)接绳、填石、放布

布卷抬到船上后,船上绳缆应与大土工布牢固连接,并留一定长度。再把大土工布头碎石袋打开,装满碎石,或另用碎石袋拴系于大土工布头上,在大土工布放入水中展开后,听号令共同抛投入水。

(六)展布及加固措施

在展布时,应在布的周围拉紧绳缆,不能让布的上游侧和布的左右两侧入水,以免大土工布入水冲卷,影响展布效果。听号令把大土工布铺放到河底后,应及时将船上装的碎石袋或块石抛入水中,进行压护。

二、注意事项

(1)船只及固定。根据大土工布护底铺设位置,按要求确定船只数量,不能为了省事而凑合;在固定船只时,应根据流速及船只大小,确定使用固定船只麻绳或棕绳的条数及强度,确保固定船只安全。

(2)风力及风向。在大土工布护底过程中,应特别注意风力与风向,若风力超过3级,不利于大土工布铺设,应另选择风力小时铺设。

(3)整齐划一、协调一致。在大土工布铺设过程中,要指令统一、令出一人,避免各项操作步骤、方法不一致。

(4)安全生产。由于大土工布护底工作是水上作业,操作人员应身着救生衣,时刻注意人身安全。

第十四章　大土工布网袋水中进占技术

大土工布网袋水中进占，首先利用船只固定进占位置，然后在船上铺放底勾绳，并根据水深、流速大小间隔一定距离（1.0 m 左右），用练子绳将底勾绳连在一起，形成一个整体，均匀受力，再在网状绳上面铺设大土工布，最后用自卸汽车卸土、推土机向大土工布内推土进占。该技术使用范围：水中进占施工、防汛抢险堵口等领域。

大土工布网袋水中进占技术，以土工织物大土工布为防护体，以传统柳石进占桩绳连接成网状为固定体，以黄河沙土资源代替柳石进占的柳秸料和块石。该方法进占速度快，既经济又环保，是我们国家水中进占的最新技术。

第一节　研发背景

黄河堤防、河道整治工程抢险、堵口及筑坝施工沿用传统人工施工的埽工技术，已有数千年历史。在科技不发达的年代，这种传统技术有其顽强的生命力，并发挥着重要作用。使用的主要料物是柳秸料和块石，这些料物一是破坏环境，二是投资大。

近年来，有单纯用块石进占的方法，但在大溜顶冲进占时容易造成占体进溜，背河土体被冲失。2007 年，在老田庵工程下延 26～30 号坝和蔡集工程上延 53～49 号坝施工时，均出现了水深超过 10 m、流速达 1.5～2.0 m/s 的情况。这两处工程设计为块石进占，背后紧跟坝体土方。白天土方跟进 10 m，一个晚上会全被冲失。老田庵工程下延 26、27 号坝采用块石进占后跟土方的施工方式，实际使用土方 24 万 m^3，而按照设计断面计算仅需土方 11.9 万 m^3，实际使用土方是设计进占土方的 2.02 倍。加之压在坝体土胎之下的块石三角体断面实际是无法发挥作用的，因此这种施工方式的浪费是不可忽视的。

鉴于以上情况，结合早期的一些经验，开展了土工网袋水中进占筑坝技术试验研究。该项研究最早在 20 世纪 90 年代末，由以彭德召、耿仕民为首的专家们提出，并在封丘禅房工程 37 号坝进行了试验。由于总体试验部署与实际需求相差太大，试验水深刚超过 5.0 m、流速在 1.5 m 时，试验便无法继续进行。这次试验虽然没有成功，但为今后进一步试验提供了宝贵经验。

2007 年老田庵工程施工,在进占十分困难的情况下,河南黄河河务局防汛办公室(副主任、国家防办聘用专家高兴利)组织有关抢险专家,结合工程建设实际情况,进行了大土工布网袋进占试验。试验方案采用 3 只船,形成网袋状,经过 7 个昼夜的连续作业,试验初步获得成功。

第二节　大土工布网袋水中进占作业流程

以蔡集上延工程为例,大土工布网袋水中进占技术作业流程如下。

一、场地平整

布置施工场地,放出进占位置,平整场地,整修施工道路。对进占岸边进行清障削坡(坡度 1∶1.0 ~ 1∶0.5),以便施工操作和占体与岸边的结合。

二、固定进占船只

船是水中进占的依托,既决定占体的位置又是大土工布进占在水中的工作平台,对进占成败至关重要。主船、侧船通过梢缆、尾缆、横缆、过肚绳等绳缆连接固定。船上铺好船板以便放置大土工布和操作,在船上捆龙骨(钢管或木杆),便于进占拴系底勾绳和展拉大土工布(见图 14-1)。

(一)主船定位

首先要在进占位置固定主船(见图 14-2)。主船固定由 5 条绳拴系,即船头有梢缆、横缆,船后有牵尾缆和横缆,船只中部有过肚绳,但在水深溜急的情况下,前后应增设过肚绳。

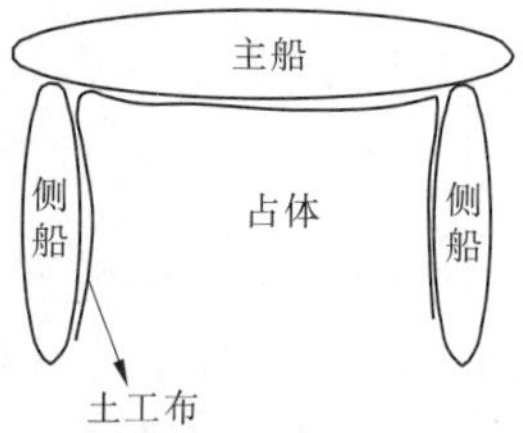

图 14-1　进占平面图

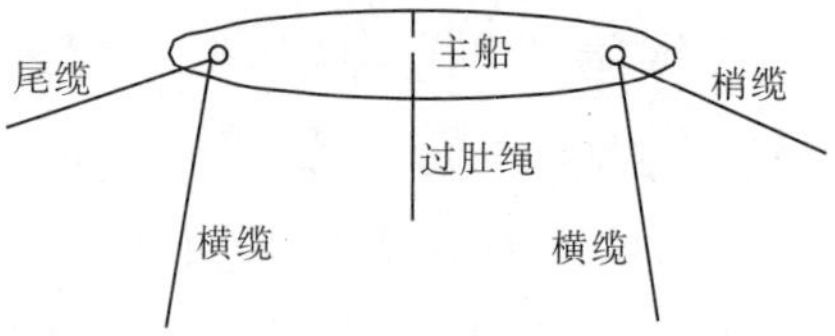

图 14-2　主船固定图

(二)侧船定位

上下游侧船首先与主船通过绳缆固定,越紧密越好,而后根据占体宽度,利用把头绳固定两船头之间的距离,一般净宽 6 m 左右(占体宽度)。船尾拴系尾缆和横缆(见图 14-3)。

(三)架设龙骨

在 3 条船上架设龙骨(见图 14-4),龙骨位置应在船只临占体一侧的 2/5

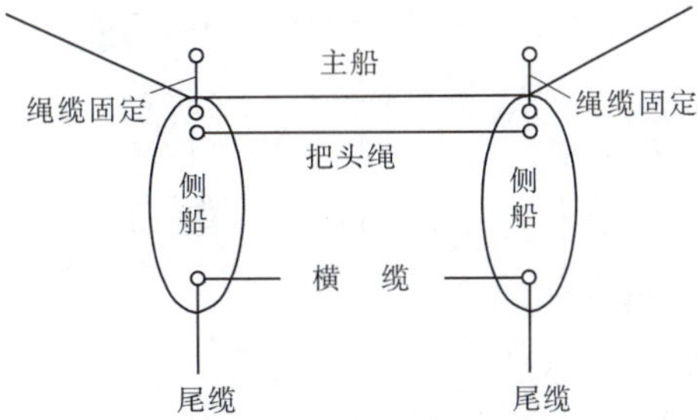

图 14-3　侧船固定图

处，以便铺设底勾绳、过肚绳。龙骨的高度一般距船面 0.3～0.5 m，不宜过高；否则，龙骨受力后，易倾斜影响船只稳定。为使龙骨受力均匀，防止龙骨受力后发生变形或损坏，应在龙骨两端和中间增设着力点，固定龙骨。

图 14-4　龙骨架设

三、打桩布绳

在进占位置上方垂直进占方向打一排顶桩，桩长 1.5～2.0 m，间距约 1.0 m，桩顶部高程应低于占面 0.3 m。底勾绳一头拴系在顶桩上，另一头适当拉紧缠绕在主船上的龙骨上面，间距同桩距，每隔 1.0 m 底勾绳之间以练子绳相连，使底勾绳、练子绳布设成网状结构，如图 14-5 和图 14-6 所示。

四、铺布

绳拴好后，把卷好的大土工布卷抬至进占作业面，在绳上铺布（见图 14-7），布的一端通过系绳缆拴打在顶桩上，另一端（布卷）放于 3 只船龙骨的外侧，大土工布和底勾绳用 12 号铅丝绑扎固定。

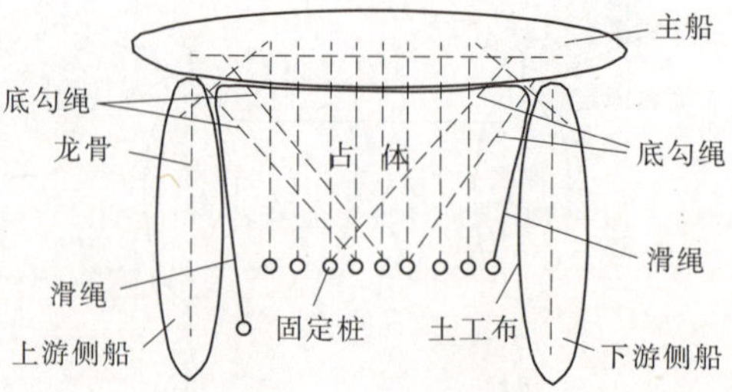

图 14-5　大土工布进占桩绳平面布置图

图 14-6　底勾绳与练子绳布设图

图 14-7　铺布现场作业图

五、推土进占

大土工布铺好后，用自卸汽车运土至大土工布前，用推土机向大土工布内推土。随着土量的逐渐增多，大土工布受到的土压力也逐渐增大，放布、松绳，主船靠侧向压力向前推进，继续推土向前，完成进占作业（见图 14-8）。

六、松底勾绳、展布

在推土进占过程中，进占土体压着大土工布、底勾绳、练子绳缓慢下沉，通过下蛰进入水中并蛰实成为占体。应一边放松绳缆使船体前移，一边连练子绳、松底勾绳，并适时展布（见图 14-9）。在展布过程中，让底勾绳、大土工布始终受力并紧贴进占土体下蛰，展布时不能随意松底勾绳和大土工布，一旦有大土工布入水较多，船与土体形成空当，使动水冲击大土工布，轻者使土体迅速下蛰，重者使大土工布失去控制，导致大土工布、底勾绳被冲入水中，给推土进占带来很大的被动。

七、侧搂占

随着推土进占的进行，占体一节一节向前推进，主船和两侧船也同时向河

图 14-8　推土进占现场作业图

图 14-9　松底勾绳、展布现场作业图

中心方向移动，两侧船上的布头也适时沿垂直坝轴线方向向上展开裹护占体，保持占体稳定。

八、大土工布对接

在每块大土工布即将展到头，有缝制的大麻绳出现时要做好接布准备，按照布幅宽度对齐后，随时幅对幅、缝对缝进行对接，然后用 12 号铁丝每隔 15 cm 绑扎预先缝制好的大麻绳（见图 14-10）。大土工布对接好后再将多余的 2 m 布头展开，以便护缝闭气，避免占体土料从接缝处流失。

图 14-10　大土工布对接现场作业图

九、设置群绳

水深超过 5 m 时，使用群绳，并根据水深和水流急缓情况，加密或减少群绳的条数。每隔一道练子绳，将绳的两端从侧船上将大土工布拉紧，并系在岸上的木桩上，称为拴群绳。因桩受力较大，要求用 2 m 桩。群绳必须是活扣，随着大土工布的下沉，要保持拉紧而不能断绳，所以要明确专人松绳。一般情况下，一个桩上最多拴两个绳，直到大土工布入河稳定，群绳也就完成了使命，此时群绳可以拴死。检验的标准主要视绳的受力而定,如果绳一直不紧,说明此时已到位了。

十、设置滑桩

在船体上下两跨角稍偏向侧船位置用小麻绳拴系大土工布,并用铅丝绑扎牢固,然后打桩固定于占体两侧斜坡软土位置(有利于大土工布随土体沉落入底),达到滑桩的目的,不但减轻了船只、底勾绳的受力,而且有助于进占体的稳定,特别是对上下游两侧船与主船夹角处的大土工布起到了很好的保护作用。由于临河侧水流冲力较大,滑绳长度设计为 3 ~5 m,背河侧水流冲力相对较小,滑绳长度设计为 3 ~4 m(见图 14-5)。

十一、加设底勾绳

随着占体的推进,水越来越深,流速越来越大,当水深达到 7 m 以上时,为保持占体稳定,底勾绳增加至 12 根,垂直于占体轴线方向设 8 根,间距约 1 m,全部搭在主船的龙骨上;上下两跨角处各 2 根,搭在连接主船龙骨与侧船龙骨的杉木杆上面(见图 14-5)。

十二、延伸底勾绳至侧船

在用大土工布进占过程中,如果水深超过 10 m,甚至水深达到 15 m 以上时,使用群绳、滑桩还不能确保大土工布、底勾绳、船只稳定,此时应考虑延系底勾绳至侧船拴系(活拴)龙骨上,然后用大绳和小绳间作连练子绳,形成网兜。这样主船、两侧船形成大的网兜后,网兜整体包布进占,不但解决了主船与两侧船夹角处大土工布易被冲卷的弊端,还减轻了布的受力,而且整体性好,还能减小占体两侧边坡系数。况且,在进行侧搂占时,可直接拉侧船底勾绳,并带布一同从垂直坝轴线方向拴打于顶桩上。

十三、加宽占体

随着占体向前推进,应及时在进占体的背河侧填土帮宽,总宽度最少 10 m,扩大施工作业面,增加占体稳定性;临河侧抛散石出水面,宽度不少于 2.0 m,以保证工程安全实施,然后加高加宽至设计要求,并按照设计方案完成其他项目。

第三节　大土工布网袋水中进占关键技术及故障处理

一、关键技术

(一)大土工布加工技术

通常从厂家购置的成批土工布,每块长为100 m,宽为3.1~3.7 m,加工时长度一分为二裁割缝制成两块。大土工布的缝制方法一般有搭接、缝接和粘接三种,两次试验均采用缝接,缝接是用尼龙线将两块布缝合在一起。在现场缝合时,可用手提缝包机现场缝合,十分方便,为增加接缝强度,可重复缝合三道线,以免接缝开裂。

另一种形式,在厂家直接订做15 m×50 m、30 m×50 m、40 m×50 m三种规格,所占比例分别为20%、30%、50%。在订做时还可以每2 m制作一个上岸管套。

(二)停占要求

在大土工布推土进占过程中,如果因外界因素不能进占时,进占被迫停止。对固定船只的所有绳缆(梢缆、尾缆、横缆、过肚绳)、底勾绳、大土工布要保持一定张力,确保土胎与船只紧贴。

1. 船只及绳缆、大土工布的要求

在大土工布推土进占过程停止前,严禁松船上的各种缆绳(如梢缆、横缆、尾缆、过肚绳)、底勾绳、大土工布和群绳。

2. 备土要求

在停占前,进占体前端应备些土料,因为在实际推土进占过程中,每到停占30分钟左右,都会从占体两侧布土结合处进水并且过流量会逐渐加大,前头占体土料也随之下蛰入水。因此,应采用人力和机械及时填土,尽可能避免主船、侧船围成的U形槽过水或过溜。

(三)纵、横底勾绳布设

在水深超过5 m时,为确保占体和大土工布稳定,尤其是上下两跨角大土工布的安全,不仅占体正前方设置8根底勾绳,上下两跨角处也应各设2根底勾绳,避免两角处土工布受水流冲击迅速下滑。该处极易在水下形成一个偏离占体的大土工包,随着水流冲刷力逐渐加大,最终可能将布卷带下水。实践证明,两角处底勾绳很好地控制住了大土工布的下滑及皱褶,效果良好。

(四)练子绳与群绳配合使用

随着占体的前进,水深增加、流速加大、大土工布越来越不容易控制,针对这一情况,设置了群绳,也就是将原来的练子绳每隔一道,将绳的两端从侧船上把大土工布圈起来,在岸上打桩拴群绳,并安排专人看守放松,直到占体蜇实到底。

群绳使用后,效果明显:一是占体稳定性大大加强了,在推土的时候,原来在3条船上的每个人都要牢牢地抱着布卷,小心翼翼地不敢放松,使用群绳后,这种紧张情绪打消了,尤其是主船上的人,在系练子绳时只要把底勾绳固定好,大土工布可以松到前面作业;二是减轻船只受力,群绳将底勾绳连系在一起,起到了整体受力作用,不但减轻了船只、底勾绳的受力,而且有助于进占体的稳定;三是起到护布作用,特别是对上下游两侧船与主船夹角处的大土工布起到了很好的保护作用,自从使用群绳后,大土工布上下游两角再也没有出现过撕裂情况。因此,在今后大土工布进占中,水深超过5 m就采用群绳,并根据水深和水流急缓情况,加密或减少群绳的条数。

(五)滑桩技术

在两角稍偏向侧船位置用小麻绳拴系大土工布,并用铅丝绑扎牢固,然后打桩固定于占体两侧斜坡软土位置(有利于大土工布随土体沉落入底),达到滑桩的目的,不但减轻了船只、底勾绳的受力,而且有助于进占体的稳定,特别是对上下游两侧船与主船夹角处的大土工布起到了很好的保护作用。由于临河侧水流冲力较大,滑绳长度设计为4~6 m,背河侧水流冲力相对较小,滑绳长度设计为3~5 m。

(六)绳缆的相互作用及其地位

大土工布进占绳缆按其作用主要分为两种:一是固定船只绳缆,二是稳定大土工布绳缆。固定船只绳缆主要有梢缆、尾缆、横缆、把头缆、过肚绳等。其主要作用是放梢缆船只前部外移和船只整体下滑;放尾缆船只尾部外移和整体上提;放横缆船只外移;放把头缆两侧船外移,占体增宽,一般情况下把头缆不宜放松;过肚绳(主要用于主船)有双重作用,既有平衡船体的作用,又有向外放船的作用。稳定大土工布绳缆主要有底勾绳、练子绳、群绳等。其主要作用是底勾绳受力托附大土工布;练子绳依托底勾绳编制网兜,防止底勾绳分离;群绳保护占体及大土工布稳定。在进占过程中,各种绳缆既有各自的作用,又相互依赖,共同受力,因此应严加控制。

(七)大土工布对接与侧向接布技术

1. 大土工布对接

通过实际试验操作,当进占到大土工布还有一定剩余量(最佳时期是当缝制的大麻绳快要出现时)，就要固定各种绳缆，首先是将船上的各种绳缆打紧，其次是将底勾绳、群绳打紧，使土体和大土工布贴紧后方可安排人员下船抬布，大土工布在船上从一头向另一头逐一对齐后，3 个船上同时幅对幅、缝对缝进行对接，并用 12 号铁丝每隔 15 cm 进行绑扎、加固，避免脱扣和开缝。大土工布对接完毕后再把多余的 2 m 布头拉展，以便护缝闭气，避免占体土料从接缝处流失。

2. 侧向接布

由于占体上游侧受水流冲力较大，容易发生险情，所以铺布时，上游侧船的大土工布卷应比下游大土工布卷长 3 ~ 5 m，尽量保证上游大土工布够用。当水深时，事先在两侧船上备好对接大布，迎水面侧船及早备好与大土工布一样质量的大土工布，规格两种，一种单幅宽 10 m，另一种双幅宽 10 m。当大土工布需接时，先把泥兜绳系好(布接到大土工布的外侧)，再将两布卷上大麻绳，用铅丝绑扎，技术要求同大土工布对接，大土工布接好后，泥兜绳上顶桩受力，而新接布上顶桩基本不受力。背水侧船上备透水彩条编织布，单幅即可，接布及其他要求同上。

(八)推土技术

推土机推土时铲要平，速度要慢，弃土要稳，应掌握“先上，后下，再中间”，即先推土至上跨角，后推土至下跨角，再推土到中间。但应始终保持大土工布内侧无水出现，一旦有水出现，一定要先推土于有水部位，并适时掌握好大土工布，注意拉伸避免褶皱。同时，大土工布应紧贴进土体，否则大土工布在水中受水冲力很大，不易控制。

(九)进占船只的基本要求及船只定位技术

1. 船只要求

进占船只是大土工布进占不可缺少的重要工作平台，是进占顺利进行和安全的重要保障。在武陟老田庵和兰考蔡集工程大土工布进占试验中，主船和侧船均是平板船，主船应大于上下游两只侧船，以便两只侧船随主船进占前行。其主要尺寸为：主船船长 18 ~ 20 m、船宽 5 ~ 6 m；两侧船长 14 ~ 16 m、船宽 4 ~ 5 m。但进占船只(主船、侧船)还要满足其他一些技术要求，如船头与船尾要在同一平面，以便铺布和展布操作，两侧船船头要平、齐，以便两侧船与主船衔接严密，不留缝隙。另备一只长 15 m、宽 5 m 的平板船，主要用于抛锚缆定主船和侧船。

2. 船只定位

1) 主船定位

主船定位主要靠梢缆、尾缆、横缆和过肚绳固定(见图 14-2)。尾缆和梢缆都是在河中抛锚固定，尾缆方向开始应使主船向外牵引，起着进占外移的附着力，随着进占体前行方向也逐渐调整，一旦调整到90°，就需要重新抛锚更换尾缆。

2）侧船定位

主船定位后，还要及时固定上下游两侧船，两侧船船头与主船进行铰接，非铰接时用把头缆固定两侧船船头，以免进占时船头移位岔口，导致占体过宽。把头缆能够有效地控制占体宽度。船尾拴系有横缆和尾缆，避免两侧船船尾远离占体和前移，但在进占过程中，随着进占的进行，主船和两侧船不断前移，两只侧船船尾横缆逐渐变为尾缆，此时应及时更替横缆和尾缆位置，以便进占顺利进行。

3）龙骨定位

为便于大土工布进占作业，主船和上下游两只侧船均应安设龙骨，龙骨长度一般与船前、后将军柱齐，或龙骨两端略短于将军柱0.5 m，龙骨高度一般距船只平面0.5 m，龙骨过高影响进占船只稳定，安设位置在距进占船内侧船总宽度的2/5处（见图14-4）。

二、故障处理

（一）开缝处理

1．大土工布开裂查找

在大土工布推土进占过程中，因推土过快、缝包线强度低、占体局部受力过大，均有可能使大土工布接缝开裂（见图14-11）。接缝开裂后，推土不见占体前进，并始终有水出现。这时要用探水杆探摸大土工布是否开裂，并观察大土工布随水流的走向。若大土工布随水流摆动，证明没有开裂；若大土工布随水流方向冲动，说明大土工布已开裂。再者观察气泡、水沫走向，如果气泡、水沫随水流冲向船、大土工布的外侧，证明大土工布已开裂。

2．开缝处理措施

发现大土工布开裂后，应首先停止向此处推土进占，安排人员展布，把开裂处的大土工布展放后，向占体前沿带回打桩固定，用铁丝捆绑大土工布于桩顶，并用土袋压护桩顶，而后把大土工布返回于船上龙骨的外侧（见图14-12）。处理完毕，继续推土进占。

（二）占体两侧进水处理

上下游两侧布端处易进水形成串流，淘刷布内土体，使土体流失、坍塌或后溃。发现进出水口时，首先用麻绳拴系两侧大土工布垂直上拉打桩固定于占体内，裹护占体，然后采用编织袋装土压实封严进出水口，或用彩条布缝制

(a)

(b)

图 14-11　大土工布接缝开裂示意图

成土工包装满土抛向进出水口处(见图 14-13),继续推土进占,船体后面的占体可推土加宽,增强其稳定性。

图 14-12　开缝处理示意图

图 14-13　占体两侧进水处理示意图

(三)大土工布入水处理

在大土工布进占实施过程中,由于水深溜急,进度、放船或松布过快,布缝开裂等原因,均有可能出现大土工布失控入水现象。不管何种原因造成的大土工布入水(见图 14-14),水流冲卷大土工布,如果在船上未能把布拉上船,就要把主船上的布卷投放水中,但要稳固两侧船布卷确保不能入水。然后,安排人员从上游侧到下游侧依次把布卷拉上岸,并把大土工布向岸边拉紧,打桩固定,用铁丝捆扎大土工布于桩顶进行固定,且用土袋压护桩顶。而后,把布卷适当展开并抬放于主船龙骨外侧,处理完毕后,继续推土进占。

图 14-14　大土工布入水示意图

第十五章　大土工布护底单向进占堵口实例

第一节　河汊堵复概况

黄河堵口的关键技术在于防止河底冲刷。如果控制河底冲刷,进占速度加快,口门堵复将顺利进行。如果河底冲刷无控制,将会为堵口增加很大难度,大幅度降低进占速度、减弱进占强度。为此,在 2002 年,濮阳万寨和 2005 年南水北调中线穿黄的荥阳孤柏嘴两次串沟口门堵复中,河南黄河河务局防汛办公室分别组织进行了护底试验。2002 年,濮阳万寨串沟口门堵复中,护底大土工布全部展开,在入水后因连接的绳子被拉断而失败;而孤柏嘴串沟堵复中,改进了护底技术,堵口取得圆满成功。

南水北调中线穿黄工程位于郑州以西 30 km 处,从孤柏山嘴穿过黄河,南岸为荥阳,北岸为温县,各类渠道与隧洞总长 19. 3 km,其中穿黄隧洞段长 3. 45 km,是南水北调中线关键性的控制工程。穿黄第四标段是南岸穿黄的护岸工程,也是保护南岸渠首的关键工程,结构为灌注桩透水桩坝,在透水桩坝施工前,需要铺设施工平台。由于该位置有一河心滩,将大河分为两股,南岸的一股河紧贴邙山山脚,占大河流量的 30% ,而施工平台设计路线恰恰处于该股河流位置,因此在灌注桩施工前需要对南岸的河汊进行堵复。口门堵复现场示意图、口门堵复现场图分别见图 15-1、图 15-2。

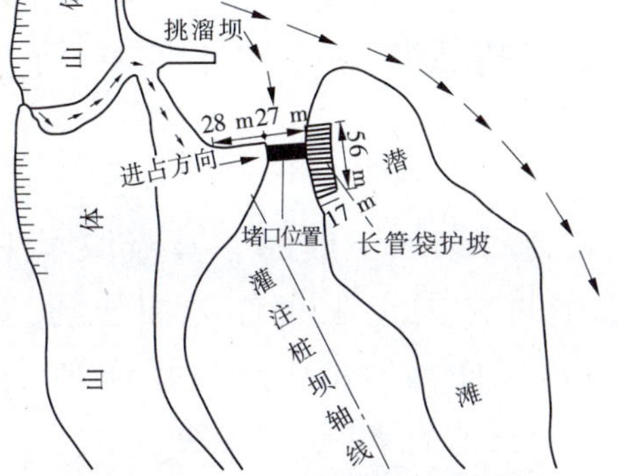

图 15-1　口门堵复现场示意图

图 15-2　口门堵复现场图

2005 年 12 月 14 日堵口，大河流量 487 m^3/s。堵口方案为：北岸应用土工长管袋技术，防护滩岸冲刷；南岸用自卸汽车运土直接进行水中进占作业。

北岸因没有麻绳和木桩，长管袋无法固定，加上人员太少，又是夜间作业，当南岸进占口门不断缩窄至近 15 m 时，流速加大，北岸长管袋因压重不够，被大水淘刷冲走。北岸随即采用土袋压重措施，但终因人员少、速度慢，接连三块大土工布管袋被冲走，抢到凌晨三点堵口被迫停止，第一次堵口失败。失败原因：一是北岸固守措施不到位，造成南岸进、北岸退；二是河床没有采取护底措施，致使在口门缩窄后水的流速加大，河底冲刷深度增加，堵复难度增大。

现场查勘后重新制订堵口方案：北岸继续采用冲填长管袋护滩，并备足土袋以加固长管袋，固守滩头。南岸采用土袋铅丝石笼进占，进占前采用大土工布护底，将整个口门全部护为一体。当流速过大难以进占时，采用块石铅丝石笼。投入施工的机械设备有推土机 3 台和自卸汽车 40 辆，备散石 1 000 m^3，土袋铅丝石笼、块石铅丝石笼各 500 m^3，抢险队员 50 人。进占时间于 2006 年 12 月 17 日 6 时开始。第二次堵口方案口门断面示意图如图 15-3 所示。

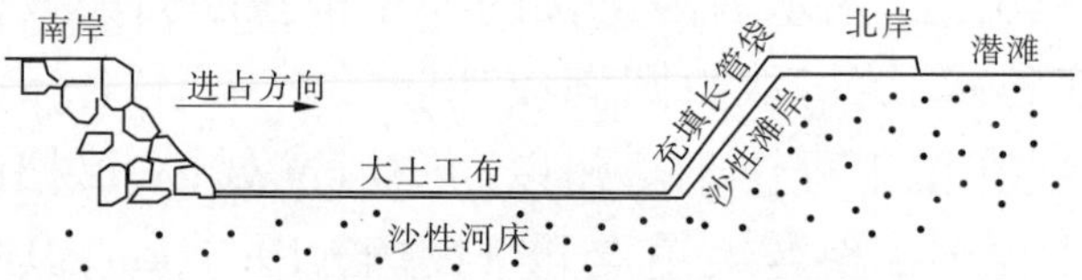

图 15-3　口门断面示意图（第二次堵口方案）

第二节　河汊堵复过程

一、大土工布护底

（一）固定船只

组织两艘长约 18 m 的民船，先将两只船拦河定位在距口门上游侧 15 ~ 20 m 处，并在船上捆 4 个铅丝石袋笼，笼内放 2 根骑马桩，桩上出 3 条绳，用于定船和连系土工布。

（二）土工布连系绳

机织丙纶大土工布尺寸为 40 m × 40 m，为厂家加工成品。其吸取了王庵大土工布加工不足的教训，每 10 m 一条棕绳贯穿大土工布作为加强筋，宽 5 cm。该筋长大土工布两端各 5 m（见图 15-4），以便与外牵引绳直接连接，这样大大节约了时间，同时加大了大土工布在水中受水流冲击的强度。大土工布展开拴绳，因施工场地所限，展布宽度不够，只好分两次展开、拴绳，然后按照其展开的次序将大土工布卷起。

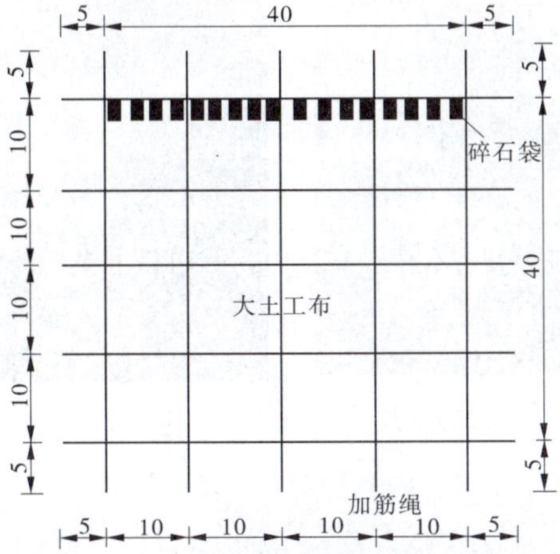

图 15-4 加筋绳布设 （单位:m）

(三)大土工布布置

将卷好的大土工布卷抬至船上(见图 15-5),两端麻绳按照对应位置与岸上木桩连接固定,北岸由多工人牵拉。

(四)铺设前准备

每个船上的两个石袋笼分别由 6 名工人准备抛投,同时由 30 名工人等距散开抱起大土工布卷准备抛投,另外应事先备好碎石袋以在土工布卷抛投后压重(见图 15-6)。

图 15-5 将大土工布抬至船上

图 15-6 土工布铺设前

(五)抛投

先将 4 个石袋笼抛投,紧接着将大土工布卷抛投入水(见图 15-7),两岸随时将卷入大土工布内的绳依次展开,大土工布顺水流展开(见图 15-8)。大土工布展开后随即将船上碎石袋抛投至大土工布上进行压重,在大土工布南北两岸分别抛土袋压重,使大土工布渐渐着底(见图 15-9)。

图 15-7　将大土工布卷抛投入水

图 15-8　大土工布顺水流展开

图 15-9　大土工布在水中顺水流全部展开着底

(六)压重

在大土工布入水后,在船上将准备好的碎石袋抛投在土工布上游侧位置(见图 15-10),在抛投时要考虑水深和流速,在大土工布边界以上按漂距 2~3 m 位置抛投。当土工布上游侧被压重后(见图 15-11),会很好地与河床紧贴在一起,如果在大土工布与河床之间仍有空隙,河床仍会受到冲刷,不能很好地起到护底作用。

二、堵口进占

南岸堵口进占从 9 时 50 分正式开始,采用挖掘机装土袋铅丝笼,自卸汽车运送,同时一部分自卸汽车运散土,开始 3 车散土配 1 车土袋铅丝笼,到大溜时 1 车散土配 1 车土袋铅丝笼,过大溜区恢复到 3∶1。堵口工程一气呵成,至 15 时合龙成功。

图 15-10　抛石袋压重

图 15-11　在水中大土工布上压土(南岸)

整个堵口历时 5 小时,比原计划的 24 小时提前了 19 小时,速度之快是预先没有料到的。2002 年濮阳万寨堵口至龙门口剩最后 20 m 时,两岸进占,流速远小于此处流速,而完成堵口就用了 20 多小时。所以,这次堵口成功,不能不说是一个壮举(见图 15-12 ~ 图 15-14)。但是,任何一次堵口都不是一个固定不变的模式,因为堵口的地理环境、现场条件、地质条件以及设备、人员、料物都是变数,科学地堵口则要因地制宜,大力推行新技术、新材料,科学制订方案、科学决策、科学指挥,才能保证堵口的成功。

图 15-12　抛土袋笼进占

图 15-13　口门即将合龙

三、堵口效果观测情况

为了解大土工布在水下展开情况,于是组织观测人员进行了探摸(见图 15-15 ~ 图 15-17)。根据需要,确定了 A1、B1、C1、A2、B2、C2、A3、B3、C3 九个点(测点位置见图 15-18),大土工布在水下距水面深度见表 15-1。根据观测结果来看,经过大土工布护底,河床距水面的深度基本与铺布之前的观测值一致,河床基本没有受到冲刷,护底效果明显。

图 15-14　口门合龙后鸟瞰图

图 15-15　探摸大土工布入底情况
（口门轴线）

图 15-16　锥探土工布情况
（口门轴线）

图 15-17　合龙后探摸土工布位置
（口门下游侧）

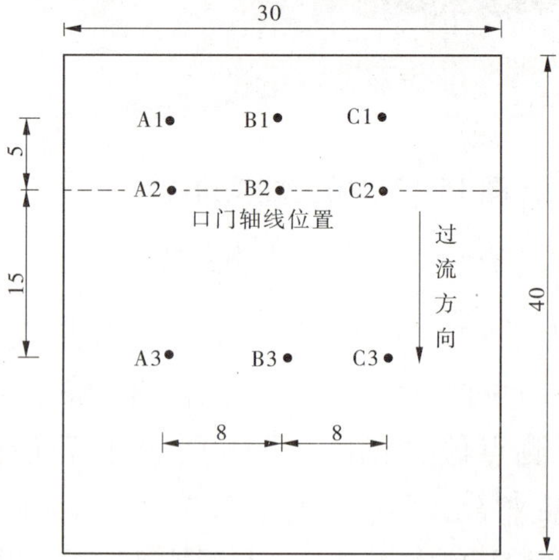

图 15-18　探摸测点位置示意图　（单位：m）

表 15-1　探摸大土工布深度值

位置	距水面深度(m)	ABC 三点间距(m)
距口门上游 5 m A1	3.0	A1 - B1 = 8
距口门上游 5 m B1	3.2	B1 - C1 = 8
距口门上游 5 m C1	2.2	
口门轴线 A2	4.2	A2 - B2 = 8
口门轴线 B2	4.6	B2 - C2 = 8
口门轴线 C2	3.8	
距口门下游 15 m A3	2.2	A3 - B3 = 8
距口门下游 15 m B3	2.5	B3 - C3 = 8
距口门下游 15 m C3	2.0	

第三节　技术分析

一、大土工布护底在堵口中的作用

在灌注桩施工前对南岸河汊的堵复中，大土工布护底铺放到位，左右岸、上下游全部将口门覆盖，在进占时不管口门缩窄成什么程度，流速多大，口门始终没有刷底。口门下面是沙基，根据经验，若不采取大土工布护底，口门进占水深最少要达到 8 ~ 10 m。所以，仅填堵口门河底一项就可以减少 50% 以上的堵口工程量。口门不刷深，即使缩窄口门也形不成过大流速，所以没有用铅丝块石笼进占，一般情况下冲刷坑达到 8 m 以上时，流速要超过 3 m/s，土袋铅丝笼就经不住冲刷，必须用块石铅丝笼，甚至要用 8 m^3 的大铅丝石笼，原计划还准备了一条船备用。若遇到这种情况，散土流失也会随之而加大，北岸守护也会增大工程量，2002 年濮阳万寨黄河生产堤堵口时，当时河汊流速比此次小，在接近口门 20 m 时，对岸防守非常紧张，险些失败。而此次护底使整个大土工布与北岸长管袋形成一个整体，使河底保持在初始状态，因此大大加快了进占速度。

二、大土工布护底应注意的事项

大土工布铺放现场场面较大，铺放环节较多，如船的固定、绳的连接固定和展放大土工布的位置、展布的同一性等多个环节中稍有差错就易出现铺布

不良的效果。为避免此类问题,必须做到以下几方面:

(1)做到铺布、展布的各个环节和人员操作要紧密衔接,对参加铺布、展布的人员要事前培训,做到施工技术人员和铺布人员对铺布、展布等全过程非常清楚,熟悉操作要领。

(2)应先将大土工布抬到船上,然后根据大土工布上绳头位置,装铅丝笼,使铅丝笼和大土工布绳头在一个位置。

(3)注意现场清理,在拉开大土工布前,凡是影响大土工布铺设的任何设备和工具等必须及时清理到操作范围以外,避免造成事故。

(4)特别要注意船只定位,船只的定位是否准确将直接影响铺布的位置及护底效果。在固定船只时,要根据水的流速和水深而定,还应考虑一定的位移量,做到大土工布铺放位置准确。

三、单岸进占

此次堵口因对岸不具备进占条件,所以采取北岸长管袋冲填的防守措施,口门上下铺放长度56 m,宽度25 m,平均入水宽度8 m。此种办法作为固守对岸的基本手段,如果大溜淘刷长管袋受冲下滑出险,采用土袋铅丝笼抢护。由于此次大土工布与长管袋形成一个整体,长管袋始终保持进占前的状态,因此没有发生险情。

从此次长管袋防护的效果看,浅水堵口进占时长管袋单岸防护是一种切实可行的防护措施。在水头差不超过1 m时,冲刷水深不超过7 m,经过抢险加固是可以固守的。若超过8 m,就很难保证它的稳定,因为水深达到8 m时,流速增大,长管袋很可能会局部揭底,被急流冲垮。长管袋结构坝出险情况也证明了这一点,原阳马庄工程和封丘顺河街工程潜坝出险,坝前冲刷坑在8 m左右。

四、土袋铅丝笼进占发挥的作用

此次堵口进占,自始至终采用土袋铅丝笼和散土混合体进占,在临河侧靠急流部位,全部用土袋铅丝笼防冲,而为了便于土袋铅丝笼向前滚动,土袋铅丝笼必须与散土混杂,这是堵口实践中摸索出的经验。同时,在此次堵口中使用的都是山体黏性土质,该土质抗冲能力较强,在流速较大的情况下,冲失的速度较慢,若是黄河滩地沙土,冲失量是黏土的5倍以上。因此,从此次堵口经验得出,今后堵口应尽可能选用黏土。

从此次堵口看,在没有现成或更多石料的情况下,采用就地取材以土袋铅丝笼代替块石铅丝笼是可行的。若流速加大,可采用大网片装土袋,增加抗冲力。土袋铅丝笼不仅节约投资,而且在闭气方面比块石铅丝笼效果更好,因为土袋与土袋之间的接触是柔性的,可挤压密实,而块石之间是硬对硬的刚性接触,缝隙大,透水性强。

附　录

附录Ⅰ　大土工布进占技术操作规程

1　总　则

1.1　为了适应黄河下游防洪工程建设和抢险、堵口的需要，依据河南黄河河务局防汛办公室完成的“无秸料、块石水中快速筑坝技术”科研成果，为确保工程的施工质量和人员安全，特制定本操作规程。

1.2　本规程适用于河道整治工程施工的水中筑坝，工程抢险和口门堵复。

1.3　施工单位应加强施工管理，保证施工质量，注意施工安全。

1.4　大土工布进占施工操作除应符合本规程的规定外，还应符合国家现行有关标准的规定。

2　施工准备

2.1　在施工前必须对民工进行现场培训，人员应有明确分工，岗位一旦确定就不宜更换。

2.2　施工机械设备应根据工程强度和进度合理安排调配。每一大土工布进占工程应配备 D85 推土机 1 台、挖掘机和装载机各 1 台、船上专用发电机 1 台，自卸汽车以保障施工需要为限，在 2 ~ 3 km 运距的条件下，宜准备 8 辆车。主船长度不小于 18 m，宽度不小于 5 m；迎水面侧船长度不小于 15 m，宽度不小于 4 m；背水面侧船长度不小于 13 m，宽度不小于 4 m；抛缆绳船长度不小于 15 m，宽度不小于 5 m；施工现场还应设置用于紧急安全事故的冲锋舟。

2.3　开工前，技术人员应检查船只、机械设备是否正常，船体各部位有无渗漏现象。全船消防、救生设备及其他安全设施应保持完整，并应由专人保管，不准乱动和挪用。

2.4　大麻绳、小麻绳、12 号铅丝、透水彩条布施工工地应有足够的储备。1 m 木桩应占木桩总使用量的 50%；1.5 m 木桩应占总使用量的 35%；2.0 m

木桩应占总使用量的15%。施工前应准备连接主船和侧船用的梢缆 ϕ4 mm 棕绳200 m、手钳40把(每班20把)、手硪1盘、救生衣40件、缝包机3～5台、8～12 m探水杆8根,每个船上应有至少1把菜刀或电工刀,两侧船应准备油锤各1个。

2.5　机织土工布的规格应为230 g/m²,宜在工厂加工成施工需要尺寸的大土工布。从厂家购置的土工布,每块长度宜截为100 m。施工时应将土工布按进占大土工布布幅宽度进行裁割、缝制。进占大土工布布幅宽度应由水深和占体顶宽确定(见附图1),其计算公式为

$$B = b + 2mh + 2\sqrt{h^2 + (mh)^2}$$

式中　b——进占体顶宽,m,一般为6～8 m;

m——边坡系数,一般为1∶1;

h——进占体高度,m,水深加占面超高、占面超高一般为1.0 m;

B——大土工布布幅宽度,m,一般用 $B = b + 5h$ 来估算。

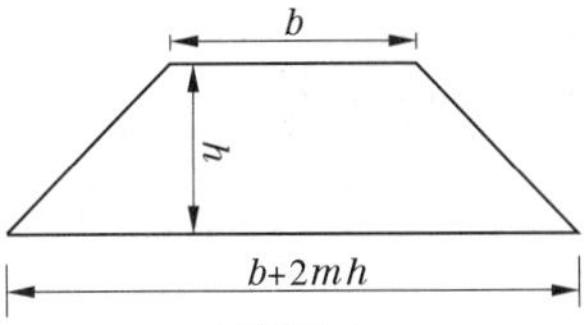

附图1

根据进占试验,大土工布长度一般宜为30～50 m,宽度30～40 m,经常使用的大土工布尺寸宜为30 m×40 m和40 m×60 m。

3　施工操作

3.1　进占筑坝应安排总指挥1人,高级技师或技师4人,民工40人,船工3人。其中:主船上的人员安排18人,总指挥1人,高级技师1人,指挥推土机1人,船工1人,民工14人;两侧向船各应安排高级技师或技师1人,民工8人,船工1人;岸上应安排民工10人。

3.2　船上指挥和操作人员必须穿好救生衣。

3.3　主船应靠梢缆、尾缆、横缆和过肚绳固定。主船定位后,应及时固定上、下游两侧船,两侧船船头应与主船进行铰接。两侧船之间距离应为占体宽度。船尾拴系横缆和尾缆,随着进占的进行,应及时更替横缆和尾缆位置,以便进占顺利进行。主船和上下游两只侧船均应安设龙骨。龙骨长度宜与船前后将军柱齐,或龙骨两端略短于将军柱。龙骨高度宜距船只平面0.3～0.6 m,龙骨过高影响进占船只稳定,过低不利于操作。安设位置应为距进占船内侧边沿的船总宽度的2/5。

3.4　打桩之前,应平整场地,使打桩地面低于原地平面约0.5 cm,以便在推土进占过程中,推土机不易把顶桩推出或破坏。

3.5　顶桩和底勾绳应一一对应进行拴系，再用练子绳拴系底勾绳，以便形成网兜，铺放进占大土工布。顶桩、底勾绳和练子绳间距宜根据水深进行调整，通常顶桩和底勾绳间距为1.0 m左右，练子绳间距在水深小于7 m时约为1.5 m，水深大于7 m时约为1 m。

3.6　铺放大土工布时，上游侧船上的大土工布长度应比下游侧船上的大土工布长度长3～5 m，避免上游大土工布长度不够占体入水。若大土工布不够，应及早接布，防止上游进占土体进水影响占体稳定。大土工布上船后，在正对主船的大土工布与侧船前部的大土工布每隔2 m应用绳缆系泥兜扣拴住布头，并应把绳拴系于顶桩上，使大土工布包住占头避免推土进占时漏土，然后应用土袋压护桩顶。大土工布铺好后，应用铅丝每隔50 cm把大土工布与底勾绳捆扎在一起，以使大土工布紧靠底勾绳，避免水流冲卷大土工布。

3.7　施工期间随时掌握气象、水文资料。遇狂风大雨，应事前将船只各个绳缆打紧固定，大土工布全部搂回，底勾绳全部搂回打桩固定。

3.8　推土机推土进占必须使推土机平铲推土，严禁推土机斜铲向下推土。避免进占大土工布与土体分离造成大土工布开缝或其他各种绳缆（底勾绳、过肚绳、横缆等）被推土机推断；应优先向U形槽内有水出现的地方进占推土，使进占土体紧靠大土工布，始终与大土工布结合严密、不留空隙，避免水流冲卷大土工布；应适时均匀展布，保持大土工布卷展放一致，避免因大土工布过紧而导致布烂或开缝；应注意底勾绳松紧度，始终使底勾绳绷紧，但不能使大土工布过分受力；还应时刻注意练子绳，避免大土工布从底勾绳网兜内脱出，导致大土工布局部受力而遭破坏。

3.9　当大土工布进占到剩余约5 m时，应把事先准备好的新大土工布卷抬上进占船，并展放出大土工布找出对接大绳（即为接缝预先缝制的大绳），作好接缝准备，原大土工布随着进占的进行不断展放，当露出大绳时，与新抬大土工布幅与幅对齐，用铅丝每隔15 cm进行绑扎，并用手钳进行加固，避免脱扣和开缝。若对接的布头没有事先缝制大绳，应将两布头幅与幅对齐后，共卷1根大绳，并各留1 m长的布头，以便保护对接缝隙，再用12号铁丝进行绑扎、加固。

3.10　大土工布进占应按固定船只或稳定大土工布分别使用绳缆。固定船只应分别使用梢缆、尾缆、横缆、把头缆、过肚绳等。船只前部外移和船只整体下滑应放梢缆；船只尾部外移和整船上提应放尾缆；船只外移应放横缆；两侧船外移，占体增宽应放把头缆（一般情况下把头缆不宜放松）；需要平衡船体，又要向外放船则放过肚绳。稳定大土工布应分别使用底勾绳、练子绳、群绳等。托附大土工布应采用底勾绳使之受力;依托底勾绳编制网兜,防止底勾绳分离应使用练子绳;保护占体及大土工布稳定应使用群绳。

3.11　在大土工布进占过程中,必须竭力控制大土工布,应时刻注意以下几方面的问题:一是大土工布应随底勾绳一起松放,但不应让大土工布过分受力,特别是大土工布发出“咯吱咯吱”响声时,应缓慢松布,避免大土工布过分受力后烂布或开缝;二是应时刻注意主船与上下游两侧船交角处大土工布的松紧,避免大土工布过松被水流冲卷造成大土工布开缝;三是占体两侧大土工布随着进占船前行,大土工布应垂直坝轴线方向向上拉紧,并打桩固定,若大土工布过短不能拉向占体顶部,应及时接布(布幅宽度和长度视情况而定),避免侧向大土工布入水,特别是上游侧大土工布一旦入水后,会发生占体蛰陷险情。

4　岗位职责

4.1　总指挥应负责整个进占的协调与指挥,应检查督促各船指挥管理人员是否严格履行各船职责,把握整体进占有无重大问题,防止产生隐患;并应重点考虑各个环节是否正常,如大土工布加工是否满足需求、各绳缆是否有专人负责、进占水深与大土工布是否相符、两侧船是否按规定将大土工布上顶桩等。

4.2　主船应安排1名船工负责上游梢缆和横缆放松及接绳,1人专门负责尾缆和横缆绳的放松及接绳,1人负责剪铅丝,10人负责松、紧底勾绳(其中纵向8根、侧向各1根)和练子绳的连接,并将练子绳送到两侧船大土工布之外,松紧大土工布及对接大布等事宜共需民工、技工15人(最好是亦工亦农抢险队),船工1人。

主船指挥应明确主船人员各自的工作任务,重点盯好船头的梢缆和横缆、船尾的尾缆和横缆,不断检查底勾绳、过肚绳是否正常,同时应注意进占方向是否正常。主船指挥应责成推土机手时刻注意进占体的状态,正常情况下指挥推土机手先上游推土,非常情况下(如出现布与土体分离、布缝开裂等),视情况应指挥推土机手必须快速准确无误地作业,同时应注意进占方向。

4.3　每条侧船上应安排1人负责系泥兜绳,1人负责放松侧向底勾绳,5人负责展布及对接大土工布等事宜,1船工负责横缆和尾缆松紧及接绳,并负责掌握船体稳定和安全;明确4人专门打桩,6人负责木桩和麻绳等料物的供应。船上人员虽各有分工,但应根据工作情况统筹调配,互相协助。如抬布、卷布时,可一同动手、通力协作进行。

临背侧船指挥应明确侧船上各人职责,尤其是找一名会系泥兜绳的民工专门将大土工布顶端系绳上岸，指定船工松尾缆和横缆，注意与主船的连接是否正常，负责岸上打桩人员的指挥调度，及早备好两种和大土工布一样质量的土工布，一种单幅宽 10 m，另一种双幅宽 10 m。大土工布对接应先把泥兜绳系好（布接到大土工布的外侧），再将两布卷上大麻绳，用铅丝绑扎。大土工布接好后，泥兜绳上顶桩受力，而新接布上顶桩基本不受力。背水侧船上备透水彩条编织布，单幅即可，接布及其他要求同上。迎水面侧船还应注意，如果大溜流势很大，使船体冲挤压到大土工布时，必须停止进占，应在船头上另加一条梢缆，使船体离开大土工布，否则极有可能造成上跨角大土工布撕裂。

4.4　推土机手必须熟练操作推土机，遇到险情应能准确无误地推土到位，在土料供应不及时的情况下，应整修碾压进占道路，使运土车辆尽可能快地运送到位；在推土进行中还应注意各桩绳的位置，避免将桩绳推出来。

4.5　挖掘机手在开始进占时应负责打桩，桩绳完成后负责压土；大土工布进占到一定程度，需要抛填块石时，挖掘机和装载机均可作业，宜用挖掘机先抛石料出水面，装载机再作业，避免块石将桩绳砸断。遇到险情，装载机需要装大袋子时，应准确无误地将土体装入大袋子内。当袋子捆扎好后，应轻轻地将大土袋子推到预定位置，不得将袋子推烂。

5　施工管理

5.1　施工单位应对民工实行奖惩制度。对不仅顺利完成本职岗位任务，还帮助其他队友、及早发现险情者应进行奖励，在每班 40 名民工中由各船负责指挥的技师评选出 10 名优秀人员，换班时当场兑现，每人 10 元；对懈怠、敷衍，经说服教育无效者，应予以解雇。

5.2　水中进占筑坝宜昼夜不停连续进占，一气呵成，避免占体发生坍塌和溃膛现象。因大土工布缝制不及时、车辆损坏、群众干扰等原因不能进土时，应停止进占。

5.3　对固定船只的所有绳缆（梢缆、尾缆、横缆、过肚绳）、底勾绳、大土工布应保持一定张力，确保土胎与船只紧密。在大土工布推土进占过程停止前，应严禁松船上的各种缆绳，如梢缆、横缆、尾缆、过肚绳、底勾绳和布，还有群绳。

5.4　在占体前端应备土料。推土进占过程中，停占 30 分钟左右，占体进水浸泡，造成前头占体土料下蛰入水，应采用人力和机械及时填土，始终保持占体和土体紧贴状态，避免主船、侧船围成的 U 形槽过水或过溜。除应达到以上要求外，还必须满足下列条件：①准备好推土机、装载机；②备好 100 m^3

土;③20 名精干民工留守;④需要松绳时必须稳妥松紧,以适应占体下蛰的速度。一般情况下,占体稳定着底大约需要 12 小时,占体一旦着底,应有一台装载机和 3 ~5 人留守。

5.5 交接班时,民工、技术员和各船负责人应安排本班工作,就本班工作中存在的问题提出改进意见,使工作有安排,遇到问题有预案,各自明确其岗位职责,安全高效工作。若下班正赶上关键步骤操作(如大土工布对接),两班人员应共同完成操作后,再交接班。

6 险情故障处理

6.1 大土工布进占过程中一旦发生开缝险情,应立刻停止推土进占,要视开缝情况采取相应措施。若开缝较小,可采取补救措施,即将已备好的彩条编织布卷或布块,一头用绳系好,在土基上打桩拴绳,另一头放到船上,然后快速推土,方可将大土工布开缝处堵上;若开缝较大,应快速将开缝大土工布拉向进占体顶部,直接在大土工布上打桩或拴绳固定,然后重新放布,推土进占。在整个大土工布用完以前,局部应提前接小块土工布。

6.2 大土工布进占过程中一旦占体两侧从大土工布两端进水,特别是上游侧占体进水,应快速推土即可快速解决土胎内部虚土吸水。若险情较大,应在占体上游侧进水处,另用大土工布铺盖进水口闭气。有条件接布时,可向上接布,以免大土工布在上游侧入水;若无条件,可在占体进水部位直接抛土袋压护到占体顶部,避免向占体内部流水。

6.3 大土工布进占过程中因违规操作或其他意外出现部分大土工布入水或水流冲卷大土工布的险情,在紧急时刻可将大土工布卷抛向龙骨外侧,促使大土工布入水,确保船只稳定和人员安全。然后从大土工布入水的上游侧,再一点一点地把大土工布拉上占体,并打桩固定大土工布,并把大土工布抬回到主船和侧船上,继续推土进占。

6.4 进占过程中有时作业不慎(该松绳时没有及时松),造成底勾绳断开,应在断绳处将大土工布割个小口,把大麻绳从布口处穿出,然后在土基上打桩拴绳,绳的另一头放到船上。应注意此绳必须等入底后方可受力,否则会拉开大土工布。

6.5 进占过程中有时夜间因看不清方向,造成占体方向向上或向下偏离。若向上偏离,可少松梢缆,打紧后横缆,慢慢地进占,渐渐下挫,到适中方向时,正常放绳;若向下游偏离,应拉紧梢缆和上游横缆,适时送尾缆和后横缆,循序渐进,到达适中方向时正常放绳。

附录Ⅱ 大土工布护底技术操作规程

1 总 则

1.1 为了适应黄河下游防洪工程建设和抢险、堵口的需要,推广河南黄河河务局试验研究的“土工布进占护底技术”科研成果,保证工程质量和人员安全,特制定本操作规程。

1.2 本规程适用于修筑河道整治工程水中筑坝,对于工程抢险、口门堵复也可采用。

1.3 施工单位应加强施工管理,保证施工质量,注意施工安全。

1.4 大土工布护底施工操作除应符合本规程的规定外,还应符合国家现行有关标准的规定。

2 施工准备工作

2.1 在施工前必须对普工进行现场培训,应有明确的分工,岗位一旦确定就不宜更换。

2.2 上游主船长度应不小于 30 m,宽度应不小于 5 m;主船下方侧船长度应不小于 20 m,宽度应不小于 4 m;下游船长度应不小于 15 m,宽度应不小于 4 m。在施工现场应专门设置冲锋舟,用来传送拉展土工布的接绳,同时在出现紧急事故时应急使用。

大土工布进占护底施工应调配船只 4 艘,冲锋舟 1 艘,挖掘机 1 台。

2.3 在修筑工程之前,技术人员应检查船只、机械设备是否正常,船体各部位有无渗漏现象,全船消防、救生设备及其他安全设施应保持完整无缺,并应设专人保管,不准乱动和挪用。

2.4 机织土工布的规格宜不低于 230 g/m^2,可让厂家加工成施工时需要的尺寸,进占大土工布需要的大麻绳长度应按该块大土工布周长的 2 倍再加上 200 m 准备。幅面大小为 30 m×40 m(垂直水流方向 30 m,顺水流方向 40 m)。在厂家进行大土工布加工前,应要求厂家在大土工布上直接加筋,外留绳头,以便在施工场地接绳。

施工前应准备缝包机 3 台,每个船上不少于 1 把菜刀或电工刀。救生衣应按船上人数每人 1 件准备,还应准备 3~4 米探水杆 8 根。

2.5 大幅面土工布纵、横向应各加 4 根棕绳,两边各 1 根,中间 2 根,绳距应相等。棕绳应缝制在大土工布上,与大土工布成为一个整体,四边留头,用于铺布时将布从四边拉展。大土工布上端应翻折 1 m,缝制成 1 m×1 m 的方形口袋,不封口。大土工布缝制一般应投入 10 名普工。

2.6　大土工布应以下端为卷心将其卷起,卷布前下端各绳头应接续足够长的绳,接长部分卷入布内,用于铺放大土工布时将已经卷起的大土工布从下端拉开。大土工布卷起后,应该用标记明确区分两端每一根留绳的不同用途,以免给铺布带来困难。

2.7　卷成长条筒状的大土工布应当用人工扛抬到上游船的下边缘一字摆放。卷布、抬布使用普工 40 人。拉开上端方形口袋,应向每个口袋内填充约 30 kg 的小石子。向大土工布上端袋内装小石子,可以将一个装了小石子的编织袋整个装入,也可以将小石子倒入,但以整个编织袋装入为好。船上铅丝笼里出来的、用来牵拉大土工布的绳头应接长,并过船底,与大土工布上端绳头连接,绳长应留适当长度。

3　施工操作

3.1　进占护底施工通常应安排总指挥 1 人,高级技师或技师 4 人,普工 65 人,船工 4 人。其中,主船上的人员应安排 30 人:总指挥 1 人,高级技师 2 人,船工 2 人,普工 25 人;其他 2 条船各应安排高级技师或技师 1 人,普工 15 人,船工 1 人;岸上应安排普工 10 人。

3.2　船上指挥和操作人员必须穿好救生衣。

3.3　船只定位应按上游主船、两侧船、下游船的顺序进行。上游主船定位主要靠铅丝笼墩和岸上木桩定位,离岸近的一侧用大麻绳拴系于岸边木桩上,主船另一侧用抛入水中的铅丝笼墩固定。主船定位后,应及时固定下游两侧船和主船正下方船,两侧船船头应与主船用大麻绳进行连接。固定两侧船之间的距离应为土工布宽度。船尾拴系于铅丝笼墩上。随着进占的进行应及时放松牵引绳长度,以便进占顺利进行。下游船与两侧船应以大麻绳相连,同时在水中抛铅丝笼并系于船上。

3.4　急溜中的大船必须在河中抛铅丝笼墩来固定主船位置,原则上是先抛两端成 45°夹角的两个铅丝笼墩(笼墩 1、2),如附图 2 所示。

笼墩 1、2 抛下后,船只可以基本定位。若水溜较急,船只不容易固定,应另外加抛笼墩 3、4、5。若用 15 ~ 20 m 的两只小船,可先固定第一只船,再用同样的方法固定第二只船,第二只船可以只抛一个铅丝笼墩(见附图 3)。

主船定位后,侧向船应按照预定的位置抛铅丝笼,同时与主船相连接。

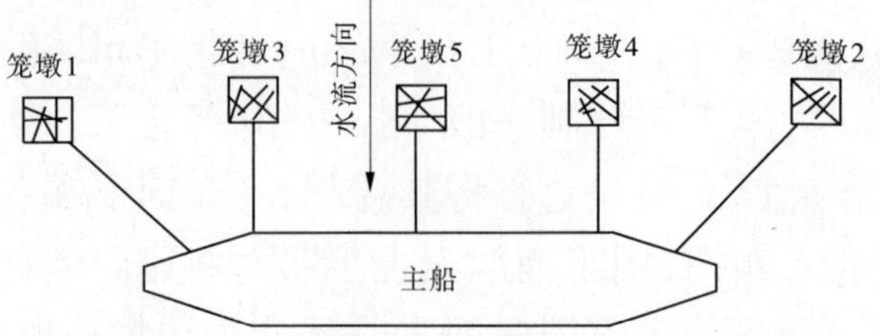

附图 2　笼墩抛投位置及与船体的连接

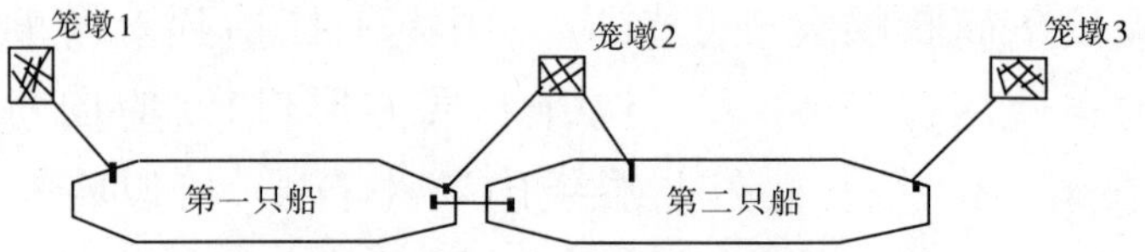

附图 3　船体之间的连接

实施大土工布展开这一关键任务的下游船，在接上固定大土工布的绳时，应向下游移动船的位置直到大土工布的绳拉紧，再抛铅丝笼（见附图 4）。

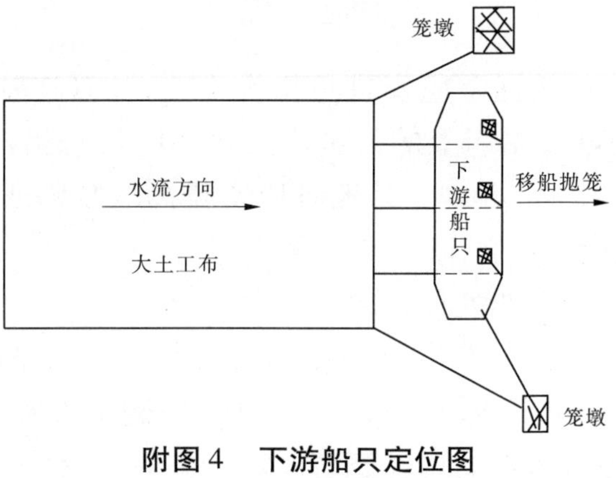

附图 4　下游船只定位图

3.5　在铺布前应将土工布上引出的麻绳绳头递送到相应船只上，通过冲锋舟将大土工布中间的两根绳子及尾端的两根绳子引送至主船下方相应的船只上，在递送过程中应注意各个绳之间不要相互影响或缠绕在一起。

3.6　大土工布护底的理想部位应在进占体正下方的位置，大土工布外边超出占体最前端 10 ~ 15 m，大土工布中线与占体中线平行，偏上 5 ~ 10 m。

大土工布护底铺布最佳时间应在进占前进行，最好在水深较小和流速较小时一次铺到位。

3.7　专用来牵系大土工布的铅丝笼在上游船上抛入河中时，牵系大土工布的绳长应调整至恰当位置。

上游船的下边缘受铅丝笼牵系的、卷起的大土工布，在指挥员的指挥下，全线人员应同步抱起、同时下抛。下游船上人员应同时均匀拉绳使大土工布在水面上均匀逐步平展，直至大土工布完全展开，左右侧船上人员应根据大土工布展开情况，适时拉绳。

大土工布在水面完全平展后，上游船人员应将装有碎石袋的大土工布上端全线同步放入水中。大土工布在水流作用下逐渐下沉，应适时斩断左右两侧及下游船上的各根拉布绳，使整块大土工布即平展铺放入水，在水流作用下逐渐下沉铺放在河底上。静水时应用人工拉平。

3.8　大土工布入底后，应将各船只上的散石均匀抛向大土工布表面散压，使大土工布与河底结合更紧密。

3.9　抛下大土工布前，应将固定船位的麻绳放松相当于一块土工布的长度。底面两块土工布的重叠长度宜为 5 ~ 10 m。所有船只在新的位置固定好后，应按前述步骤进行下一块大土工布的铺设作业。

4　岗位职责

4.1　总指挥负责整个进占的协调与指挥，应检查督促各船指挥管理人员是否严格履行各船职责，把握整体进占有无重大问题，提前消灭隐患；并重点考虑各个环节是否正常，如各船只是否有专人负责、进占长度与大土工布是否相符等。

4.2　主船指挥应明确主船人员各自的工作任务，重点盯好船头的大土工布的铺放工作，同时应注意进占方向是否偏离预定方向。

4.3　其他船指挥应明确该船人员各自的职责，注意相互之间的连接是否正常。在大土工布展开过程中，应注意适时拉紧绳头，根据情况及时将固定大土工布的铅丝笼推入水中，并适时斩断展布时所用的绳头。

4.4　主船 2 名船工应负责上游缆绳放松及接绳，20 人应负责大土工布填石、系连接绳、放布、推铅丝笼。普工 25 名，最好是亦工亦农抢险队的成员。

4.5　其他船上的人员应作以下安排：1 人负责船只定位连系绳的连接工作，10 人负责展布时的拉展工作等事宜，1 船工负责与其相连的其他两个船只之间的相互定位工作，并负责掌握船体稳定和安全；4 人专门推铅丝笼，2 人负责料物供应及斩绳等工作。

4.6　参加施工的人员虽各有分工，但应视工作情况统筹调配，互相协助。展布、推笼、放绳时，应一同动手，通力协作进行。

5　施工管理

5.1　在施工过程中应加强对民工的管理，确保普工在大土工布运送及船上大土工布展开铺设等工作中,按技术要求进行各种操作。

5.2　水中进占筑坝,宜于连续进占,尽可能减少间断次数。

5.3　交接班时各船负责人应安排民工、技术员的本班工作,并应就本班工作中存在的问题提出改进意见。施工前应编制预案,遇到问题仍应各负其责、安全高效地开展工作。

附录Ⅲ　现代抢险新机具、新技术主要研发人简介

(1)软料叉车研发人基本情况:王相武,男,1957 年生,巩义黄河河务局职工。

(2)铅丝笼封口机主要研发人基本情况:杨志良,男,1957 年生,长垣黄河河务局职工,高级技师,2008 年荣获河南黄河河务局首席技能人才称号。

(3)挖掘机辅爪研发人简介:武铁生,男,1962 年生,助理工程师,孟津黄河河务局运行观测科科长。

(4)长管袋护岸技术研发人简介:顾小天,男,惠金黄河河务局职工,1980 年参加工作,一直在一线从事黄河险情的抢护工作,根据多年来积累的丰富经验,创造性地提出了以现有的抢险设备为载体,拟定专用方案,带领工作人员不断地进行试验,为研制工作的顺利进行打下了良好的基础,并积极地与其他单位联系推广应用。

(5)大土工布护底技术与无秸料快速筑坝技术主要研发团队情况及第一完成人简介:高兴利,男,1952 年生,教授级高级工程师,河南黄河河务局防汛办公室调研员,2006 年被评为河南黄河河务局治黄科技拔尖人才,2007 年被评为河南黄河十大创新型人才,国家防总首批聘用防汛抢险专家。先后主持完成了科技项目 14 项,其中获河南黄河河务局科学技术进步奖一等奖 8 项,获黄河水利委员会科学技术进步奖一等奖 1 项、二等奖 2 项,大禹水利科学技术奖三等奖 1 项,河南省科学技术进步奖二等奖 1 项。参加研发的主要团队人员有曹克军、刘红卫、武良海、朱学、李绍谦、范海林、张元勋、凌庆生、刘恒、杜鹏生、尤玉臣、苏本超、赵雨森等。

附录Ⅳ　现代防汛抢险技术应把握的要点

(1)本书主要介绍的抢险辅助设备。

(2)软料叉车经历的几次研发改进过程。

(3)软料叉车的主要用途,如何进行叉齿改造。

(4)六角钢网编制机的推广情况及主要用途。

(5)铅丝石笼封口机使用时应注意的事项,手动封口器的用途。

(6)在使用过程中辅助抢险设备仍然存在的问题,如何改进。

(7)大型机械装抛铅丝石笼技术的作业方式,适用条件。

(8)挖掘机配合自卸汽车装抛铅丝石笼的主要作业步骤。

(9)挖掘机装抛铅丝石笼的两种作业方式及主要作业步骤。

(10)装载机装抛铅丝石笼的两种作业方式及主要作业步骤。

(11)自卸汽车抛铅丝石笼对自卸汽车操作员的要求。

(12)挖掘机、装载机装抛铅丝石笼时应注意的事项。

(13)挖掘机与自卸汽车配合装抛铅丝石笼时挖掘机手应注意的事项,封口人员应注意的事项。

(14)厢枕的功能与作用。

(15)大型机械装抛厢枕技术所需的机械设备,每种机械设备的作业要领。

(16)大型机械装抛厢枕技术的作业步骤。

(17)装厢前铺底绳要求。

(18)现场指挥员应注意的问题。

(19)柳石搂厢的主要作用,适用条件、优点。

(20)机械化柳石搂厢进占技术需用的主要机械设备。

(21)机械化柳石搂厢进占技术的主要作业步骤,作业过程中各种机械设备的配合情况。

(22)挖掘机在搂厢时的作用及操作要领。

(23)软料叉车在搂厢时的作用及操作要领。

(24)推土机在搂厢时的作用及操作要领。

(25)装载机在搂厢时的作用及操作要领。

(26)自卸汽车卸料时应注意的问题。

(27)机械化筑埽指挥员科学指挥要领及其衡量标准。

（28）柳石混杂机械化筑埽技术与层柳层石机械化筑埽技术的异同。

（29）柳石混杂机械化筑埽技术的作业流程。

（30）层柳层石机械化筑埽技术的作业流程。

（31）柳石混杂和层柳层石两种机械化筑埽技术中各种机械作业的技术要领。

（32）柳石混杂和层柳层石两种机械化筑埽中指挥员科学指挥要领及其衡量标准。

（33）选用土工包材料时主要考虑的指标。

（34）土工包制作尺寸的确定。

（35）编织布、复合土工布及无纺布强度不够时的解决方法。

（36）大土工包的装料形式。

（37）大土工包的运输抛投方式。

（38）土工包的缝制方法。

（39）自卸汽车抛投土工包时应注意的事项。

（40）土工包进占的适用条件。

（41）大土工布护岸技术的主要适用条件。

（42）大土工布护岸技术的操作步骤。

（43）土工布护岸技术作业时需要的船只数量，如何进行船只定位。

（44）长管袋护岸技术需要的机械设备情况。

（45）长管袋护岸技术的操作步骤。

（46）长管袋护岸技术的技术要领和注意事项。

（47）大土工布护岸技术和长管袋护岸技术的异同点和适用条件。

（48）大土工布护底技术的主要作用、适用情况。

（49）大土工布护底技术的作业流程。

（50）大土工布护底作业时需用的船只数量，各船只布设、固定要求。

（51）大土工布护底技术铺布后的加固处理措施。

（52）大土工布护底技术土工布的选择与缝制时的作业要领。

（53）大土工布护底技术作业时的注意事项。

（54）大土工布护底技术的实践应用情况及效果。

（55）大土工布网袋水中进占技术较传统进占技术的优点。

（56）大土工布网袋水中进占技术的作业流程。

（57）大土工布网袋水中进占技术作业时对进占船只的要求，主、侧船如何定位。

(58)龙骨架设的要求,设置群绳、滑绳的目的。

(59)大土工布网袋水中进占作业需要做的准备工作。

(60)大土工布网袋水中进占时大土工布选择的要求及宽度确定的方法。

(61)大土工布网袋进占过程中可能出现的不利情况及处理方法。

(62)不同水深、流速情况下,保证大土工布网袋进占作业顺利进行应采取的措施。

(63)孤柏嘴河汊堵复过程中采用的新技术。

(64)孤柏嘴河汊堵复过程中大土工布护底经历的步骤。

(65)孤柏嘴河汊堵复过程中对土工布深度的观测结果说明的问题。

(66)大土工布护底在堵口过程中的作用,应注意的事项。

(67)堵口过程中土袋铅丝笼主要发挥的作用。

后　记

《现代防洪抢险技术》经过编写人员近两年的辛勤劳动，一部防洪抢险参考书籍问世了。主要参考文献有《黄河工程抢险现场指挥必读》、《大型机械在防汛抢险中的应用与研究技术报告》、《无秸料快速筑坝技术》、《堤防堵口与快速筑坝新技术研究与应用技术报告》、《黄河抢险现场规范管理运行系统的研究与应用》。

该书在正式问世前，很多内容都已应用于防洪抢险的实际工作中。如上篇"抢险决策与规范化管理"，近几年已作为黄河专业技术干部学习培训和行政首长培训的重要内容；此处内容更是结合以往培训情况，结合社会经济发展实际情况，做了大量修改。其中，2009 年 6 月河南省沿黄七市（济源、洛阳、焦作、郑州、新乡、开封、濮阳）行政首长短期培训中的主要内容也已编入此书。

中篇大部分内容已在抢险实践中得到了广泛的应用。本书为了规范作业要求，根据各项抢险新技术的推广应用情况，专门听取熟练机械作业手的讲述，逐项进行编写。这样，更利于机械手学习并掌握操作知识，提高抢险机械化作业技能。

下篇上半部分内容在抢险中已广泛应用，而下半部分主要是讲述抢险堵口的新技术、新工艺，应用面较小，基本技术虽有所实践，但仍受到试验水深、流速的限制，目前尚未在真正的堤防决口中应用。在水深超过 15 m、流速大于 3 m/s 的险恶条件下，此项技术还没经实践检验。如需要进一步试验研究，首先要对抢险堵口的平台进行优化设计，制造一套专用堵口平台。目前，对该项技术的科研立项正上报水利部，申请科技专项进行试验研究。

本书收集了河南黄河河务局职工在实践中创造的抢险管理和抢险新技术，且大多进行了推广应用，尤其是大型机械在防汛抢险中的应用、机械化筑埽技术等，2006 年被水利部推广中心列入新技术推广名录，并列入 2009 年、2010 年专项预算，扶持科技推广资金 90 万元。但是用发展的眼光看，无论是黄河防汛抢险现场指挥与管理，还是机械化抢险技术与新型堵口筑坝技术，仍有进一步探讨和研究的空间，敬请热心于防洪抢险指挥管理和对抢险技术执著研究的有志之士，创造更加完美的抢险指挥管理经验和更加完善的机械化抢险技术，为确保大江大河安澜建功立业。

编　者

2009年8月